FEIDAOLU YIDONG
JIXIE PAIFANG
YUANCHENG
JIANKONG
BEIAN ZHINAN

非道路移动机械排放远程监控备案指南

陈大为　关　敏　王明达　张海燕　滕　琦 / 主编

中国环境出版集团 · 北京

图书在版编目（CIP）数据

非道路移动机械排放远程监控备案指南 / 陈大为等主编. -- 北京 : 中国环境出版集团, 2025. 7. -- ISBN 978-7-5111-6293-9

Ⅰ. X328-62

中国国家版本馆 CIP 数据核字第 2025FG0149 号

责任编辑 殷玉婷
封面设计 宋 瑞

出版发行 中国环境出版集团
（100062 北京市东城区广渠门内大街 16 号）
网 址：http://www.cesp.com.cn
电子邮箱：bjgl@cesp.com.cn
联系电话：010-67112765（编辑管理部）
发行热线：010-67125803，010-67113405（传真）

印 刷 北京中科印刷有限公司
经 销 各地新华书店
版 次 2025 年 7 月第 1 版
印 次 2025 年 7 月第 1 次印刷
开 本 787×960 1/16
印 张 10
字 数 150 千字
定 价 80.00 元

编委会

序言

近年来，随着城市大气污染治理的逐渐深入，移动源污染问题日益突出。生态环境部发布的《中国移动源环境管理年报（2024年）》显示，2023年，全国非道路移动源排放总量为535.0万t，二氧化硫（SO_2）、碳氢化合物（HC）、氮氧化合物（NO_x）、颗粒物（PM）分别为18.7万t、40.5万t、453.4万t、22.4万t。其中，工程机械和农业机械排放的NO_x分别占非道路移动源排放总量的26.7%、32.5%，是非道路污染物排放总量的主要贡献者，其排放问题不容忽视。

为了对非道路移动机械进行科学有效的管理，受生态环境部委托，中国环境科学研究院牵头起草了《非道路移动机械排放远程监控技术规范》（HJ 1322—2023），标准规定了非道路移动机械排放远程监控的一般要求，车载终端和企业平台的功能、性能和安全性要求，以及测试方法和数据传输的通信协议及数据格式。标准适用于满足《非道路柴油移动机械污染物排放控制技术要求》（HJ 1014—2020）的第四阶段且额定净功率37 kW及37 kW以上非道路柴油移动机械的远程在线监控联网。

为了更加有效地推动技术规范的实施，提升环境监管工作能力，中国环境科学研究院机动车排污监控中心组织实施了重型车和非道路移动机械远程监控车载终端及安全芯片备案信息管理系统项目的开发建设，旨在利用信息化手段加强对车载终端设备生产质量的管控，提升大气环境污染防治工作成效，为进一步提升我国移动源排放管理水平提供有效支撑。

本书基于当前对非道路移动机械排放远程终端联网的相关要求，从远程终端/芯片企业注册、信息公开、委托检测以及备案等方面进行介绍。同时，为检验机构终端试验提供了规范的试验内容、规程以及报告要求等内容。

目录

第 1 章

终端/芯片企业注册开户流程

王明达　季　欧

非道路移动机械排放远程监控终端（以下简称排放终端）、非道路移动机械远程定位终端（以下简称定位终端）、安全芯片生产企业首次登录重型车和非道路移动机械远程监控车载终端及安全芯片备案信息管理系统（以下简称备案信息管理系统）进行注册开户，企业应按照备案信息管理系统要求提供相关材料，完成企业注册流程。

企业进入备案信息管理系统网站（https://czzd.vecc.org.cn/），进入系统登录界面，点击界面下方的“注册流程”，进入企业注册界面，如图 1.1 所示。

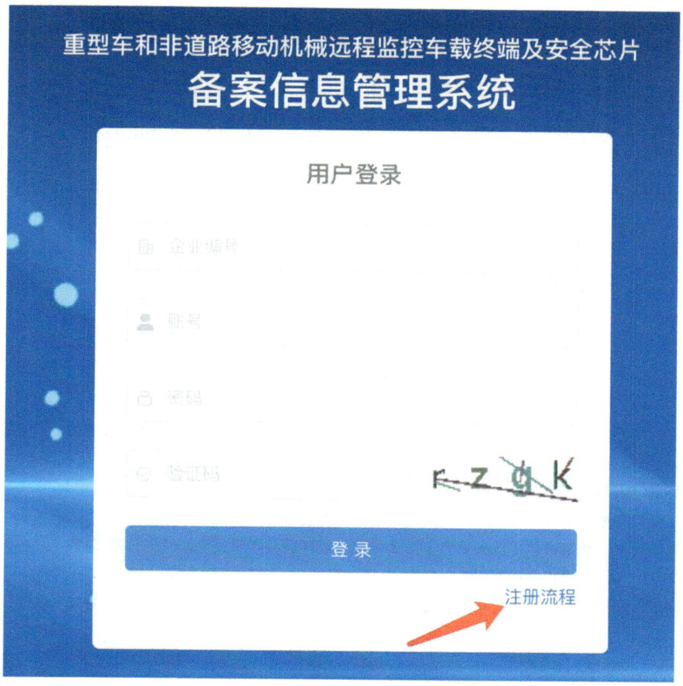

图 1.1　备案信息管理系统登录界面

企业需要按照表 1.1 列出的明细和要求提供全部材料。其中，《车载终端及芯片生产企业信息备案承诺书》和《车载终端及芯片备案系统用户注册登记表》需要在注册界面的下载链接中下载。

表 1.1　企业注册提交资料明细

<table>
<tr><th>序号</th><th>材料名称</th><th>要求</th><th>备注</th></tr>
<tr><td>1</td><td>《车载终端及芯片生产企业信息备案承诺书》</td><td rowspan="4">电子版：电子扫描件、用户注册登记表（Word 版）发送至指定邮箱 xxgkzx@vecc.org.cn
纸质版：材料邮寄至北京市朝阳区安外大羊坊 8 号院中国环境科学研究院二号办公楼　赵鑫收</td><td rowspan="4">（1）邮件注明申请企业名称和联系方式；
（2）纸质版需加盖企业公章</td></tr>
<tr><td>2</td><td>《车载终端及芯片备案系统用户注册登记表》</td></tr>
<tr><td>3</td><td>企业营业执照复印件</td></tr>
<tr><td>4</td><td>中华人民共和国组织机构代码证复印件（如已办理三证合一或五证合一的企业，只需提供营业执照复印件）</td></tr>
</table>

企业按照要求提交材料，中国环境科学研究院机动车排污监控中心（以下简称机动车中心）收到全部纸质材料后的 5 个工作日内完成信息审核。材料不符合要求的，将以邮件的形式通知企业补充材料；材料符合要求的，开通企业备案账户并以邮件的形式将企业管理员的用户名、密码发送至企业邮箱。注册界面如图 1.2 所示。

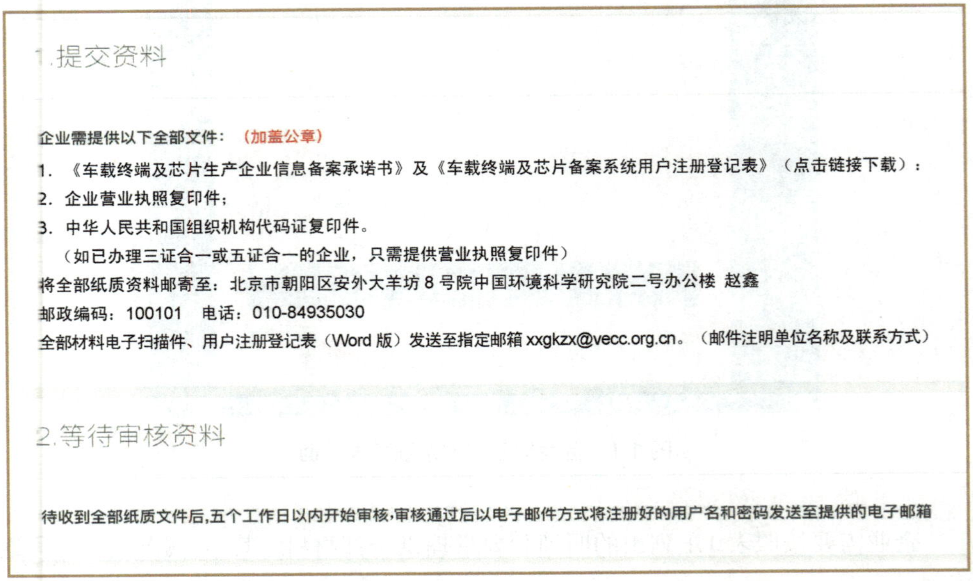
1.提交资料

企业需提供以下全部文件：（加盖公章）

1. 《车载终端及芯片生产企业信息备案承诺书》及《车载终端及芯片备案系统用户注册登记表》（点击链接下载）：
2. 企业营业执照复印件；
3. 中华人民共和国组织机构代码证复印件。
（如已办理三证合一或五证合一的企业，只需提供营业执照复印件）

将全部纸质资料邮寄至：北京市朝阳区安外大羊坊 8 号院中国环境科学研究院二号办公楼 赵鑫

邮政编码：100101　电话：010-84935030

全部材料电子扫描件、用户注册登记表（Word 版）发送至指定邮箱 xxgkzx@vecc.org.cn。（邮件注明单位名称及联系方式）

2.等待审核资料

待收到全部纸质文件后,五个工作日以内开始审核,审核通过后以电子邮件方式将注册好的用户名和密码发送至提供的电子邮箱

图 1.2　注册界面

注：车载终端及芯片备案系统即备案信息管理系统，下同。

《车载终端及芯片生产企业信息备案承诺书》和《车载终端及芯片备案系统用户注册登记表》格式如下所示。

车载终端及芯片生产企业信息备案承诺书

生态环境部：

为贯彻落实《环境保护法》《大气污染防治法》等法规以及相关排放标准要求，特申请开通机动车和非道路移动机械车载终端及芯片备案系统账号，并做如下承诺：

第一条　保证真实、准确、及时、完整地向社会公开我公司生产的所有机动车、非道路移动机械的车载终端、芯片以及公司基本信息，并如实提供信息公开所需的相关资料，积极配合车载终端及芯片备案系统平台的管理。

第二条　保证到依法通过计量认证、使用依法检定合格的检验设备并与机动车排污监控中心联网的检验机构进行产品检验，确保检测样品与备案信息描述的技术状态一致，保证检测及信息公开工作科学、公正地开展。

第三条　保证出厂的机动车、非道路移动机械远程终端及芯片参数与备案信息内容一致，批量生产产品的技术水平与检验时一致，并能够达到远程排放监控技术规范标准规定的要求和满足国家其他相关强制性标准要求。

第四条　妥善保管好车载终端及芯片备案系统平台账号的用户名和密码。用户名和密码的泄露或不当使用所导致的后果，由我公司承担所有法律责任。

××××××公司

企业盖章处：

日期：

车载终端及芯片备案系统用户注册登记表

<table>
<tr><td>用户企业名称</td><td colspan="3"></td></tr>
<tr><td>用户企业地址</td><td colspan="3">（应与营业执照住所一致）</td></tr>
<tr><td>统一社会信用代码</td><td colspan="3"></td></tr>
<tr><td>省份</td><td></td><td>邮编</td><td></td></tr>
<tr><td>法定代表人</td><td>（应与营业执照法定代表人一致）</td><td>企业电话</td><td></td></tr>
<tr><td>传真</td><td></td><td>电子邮件</td><td></td></tr>
<tr><td>联系人</td><td></td><td>联系人电话</td><td></td></tr>
<tr><td colspan="4"></td></tr>
<tr><td>集团名称</td><td colspan="3">（说明生产企业隶属哪个集团，没有则写“无”）</td></tr>
<tr><td>联系人</td><td></td><td>联系电话</td><td></td></tr>
<tr><td>电子邮件</td><td></td><td>传真</td><td></td></tr>
<tr><td colspan="4"></td></tr>
<tr><td>企业类别</td><td colspan="3">☐车载终端　☐芯片</td></tr>
<tr><td>产品适用对象</td><td colspan="3">☐重型车　☐非道路移动机械</td></tr>
<tr><td colspan="4">年　月　日（公章）</td></tr>
<tr><td colspan="4">备注：</td></tr>
</table>

第 2 章

终端/芯片企业管理员操作规程

■ 滕 琦 付雨民

本章主要面向排放终端、定位终端和安全芯片生产企业的备案信息管理系统管理员。本章主要描述了备案信息管理系统各功能模块的操作流程和功能使用方法，以及系统管理模块各项功能，用于指导终端/芯片生产企业系统管理员熟悉并使用系统，以便他们更好地了解系统，维护企业内部用户、分配权限。

2.1　系统登录

打开浏览器，在网页地址栏输入网址（https://czzd.vecc.org.cn/），进入备案信息管理系统登录界面，如图 2.1 所示。在登录界面输入按照第 1 章注册并获取的企业编号、管理员账户、密码及登录按键右上方的 4 位验证码，点击“登录”按钮即可进入系统。

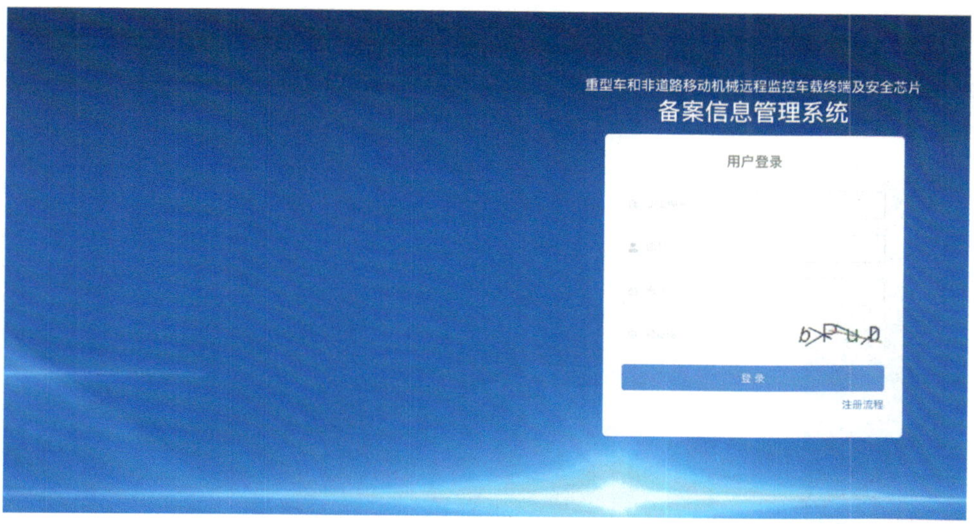

图 2.1　备案信息管理系统登录界面

2.2 系统管理

系统管理包括企业信息、用户管理、角色管理、登录日志、密码管理 5 项主要功能。

2.2.1 企业信息

“企业信息”界面是企业管理员对企业基本信息的维护界面。企业完成注册开户后或相关信息发生变化后，应及时更新完善相关信息。企业管理员首次登录备案信息管理系统时，应先完善企业基本信息，再进行用户创建和角色管理等后续工作。

进入企业信息填写界面（图 2.2），企业名称、社会信用代码、法定代表人、企业代码为固定信息，由企业开户注册时所提交材料确定；填写界面其他信息应全部填写并上传营业执照图片，以便后续在终端配置信息管理中应用。

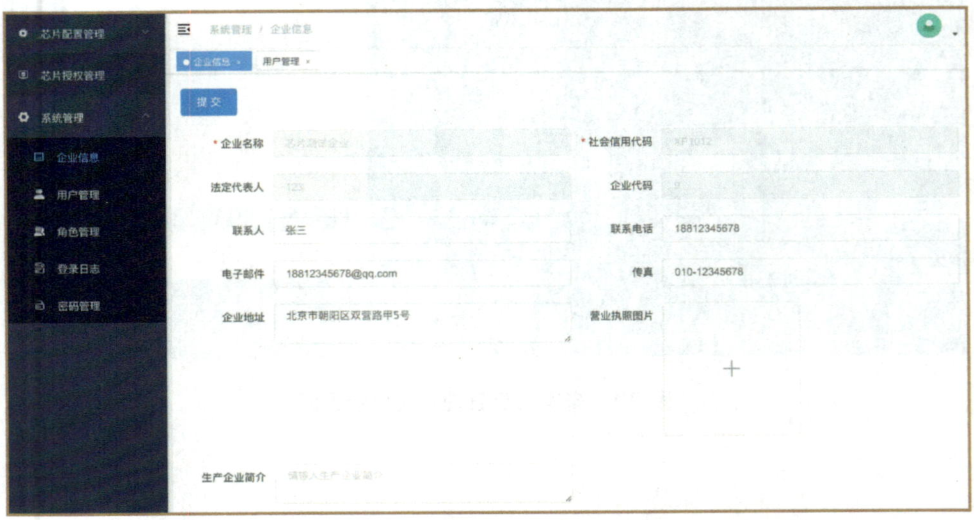

图 2.2　企业信息填写界面

2.2.2　用户管理

企业管理员可通过用户管理功能，创建本企业备案信息管理系统用户，并根据需要对每个系统用户设置不同权限。备案信息管理系统用户由企业管理员创建、设置账户权限并分配给企业相关工作人员。企业相关工作人员可使用该账户，并根据账户权限执行本企业芯片配置或终端配置相关操作。

（1）主界面

用户管理主界面显示所有已创建的备案信息管理系统用户及其启用状态，企业管理员可以通过用户名称、姓名等信息查询用户信息，如图 2.3 所示。

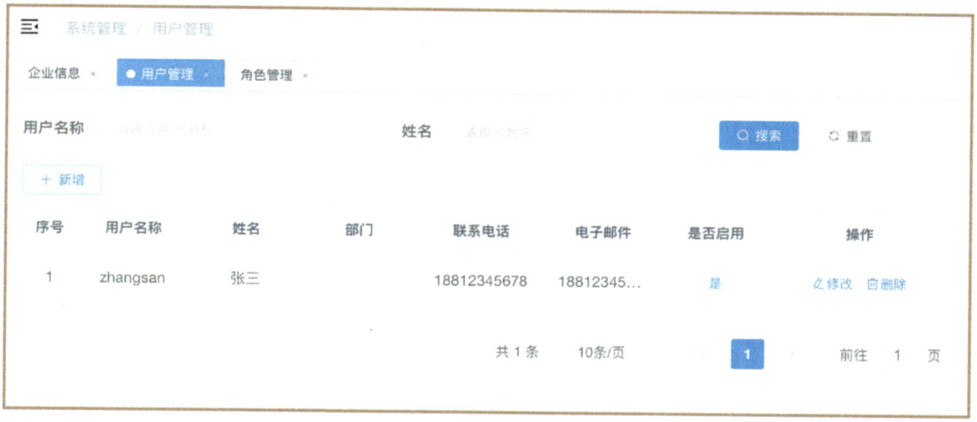

图 2.3　用户管理主界面

（2）新增用户

企业管理员可根据需求创建多个备案信息管理系统用户。在用户管理主界面，点击“新增”按钮，跳转至添加用户界面，如图 2.4 所示。进入添加用户界面后，填写界面中所有适用信息，其中标红星号部分信息为必填项。“用户密码”应至少包含数字、大小写字母、特殊字符两种以上（不包含中文及空格），长度不小于 8 位。设置密码时可点击密码输入框右侧图标“◎”，将密码输入框切换为可视模式。“是否启用”默认选择为“是”，若设置“否”则该用户不可登录系统。为系统用户分配角色权限后（角色需通过角色管理功能创建和维护，角色权限将在后续章节介绍），该用户即获得指定角色权限，可进行相关系统数据的查询或修改。企业管理员应严格控制用户管理。

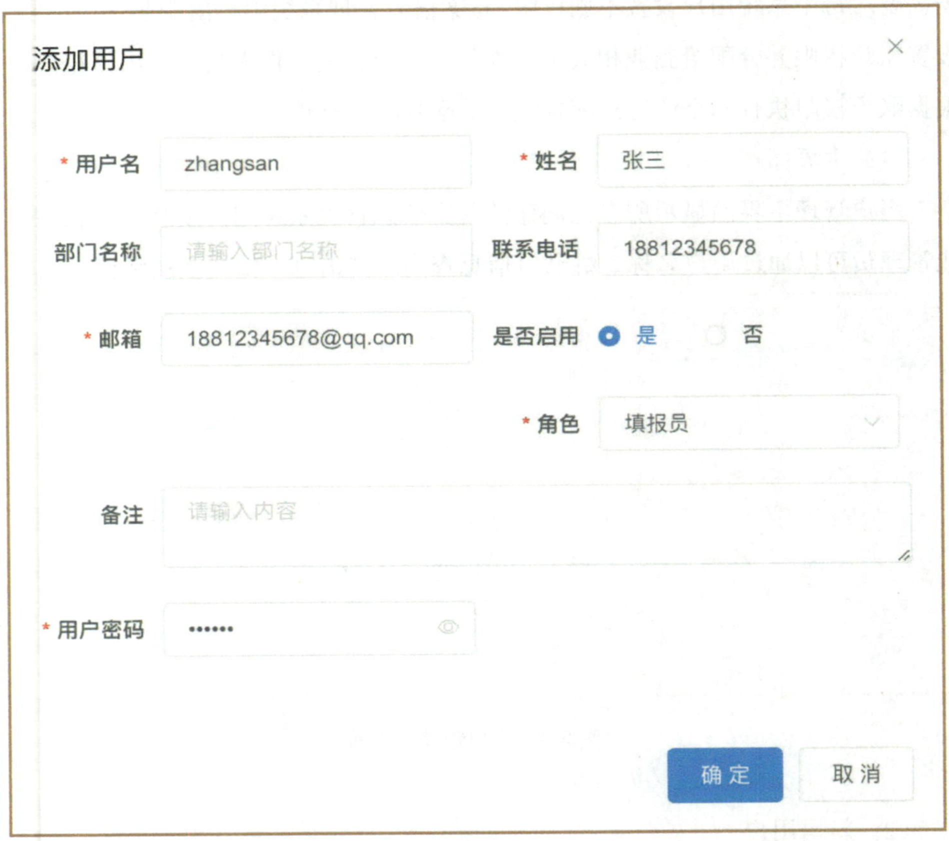

图 2.4　添加用户界面

（3）修改用户

企业管理员可在用户管理主界面的操作栏点击“修改”按钮，修改备案信息管理系统用户信息或重置系统用户密码，如图 2.5 所示。点击“修改”按钮后返回添加用户界面进行修改，如图 2.6 所示。

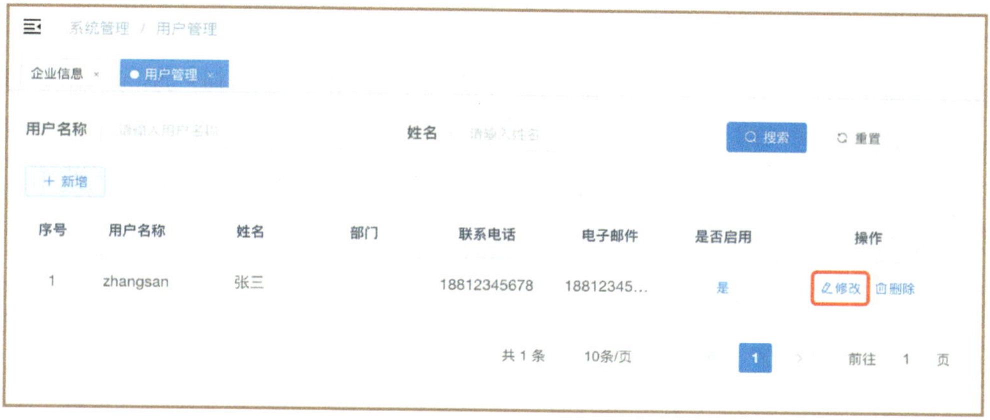

图 2.5　执行修改操作

图 2.6　返回添加用户界面进行修改

（4）删除用户

企业管理员可在用户管理主界面的操作栏点击“删除”按钮，删除已创建的备案信息管理系统用户（图 2.7）。点击“删除”按钮后系统弹出确认删除界面（图 2.8），进一步点击“确定”按钮即可完成删除操作，完成删除操作后原系统用户不可恢复。

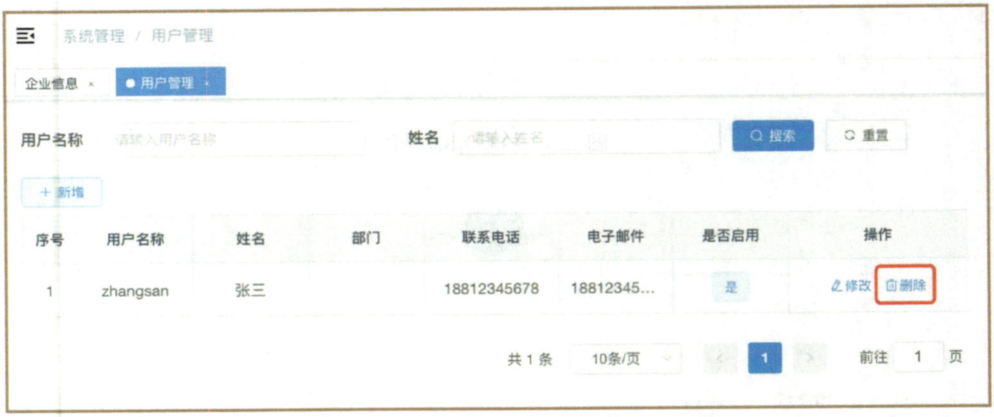

图 2.7　执行删除操作

图 2.8　确认删除界面

2.2.3　角色管理

（1）功能介绍

企业管理员可以分别对每个系统用户赋予不同的角色属性，角色属性将决定系统用户的查看与操作权限。企业管理员可进行新增、修改、删除角色操作以及角色权限管理。推荐管理员账户按照填报人员、审核人员以及芯片/终端负责人三级权限创建角色：

①填报人员负责“芯片/终端参数填报”；

②审核人员负责“芯片/终端参数审核”；

③芯片/终端负责人负责“芯片/终端备案审核”。

按照三级审核流程，芯片/终端负责人审核通过后，该终端即可委托检测机构进行检测。

（2）角色管理界面

角色管理界面默认加载已经创建的所有角色（首次进入角色管理界面列表显示为空），企业管理员可以在上方搜索栏中输入角色名称，查询对应角色信息。在角色显示列表的操作栏中，企业管理员可进行修改、删除、权限分配等操作（图 2.9）。

图 2.9　角色管理列表

（3）新增角色

进入图 2.9 所示的角色管理列表，点击“新增”按钮，进入新增角色界面（图 2.10）。输入角色信息（角色与角色名称为必填项）并点击“确定”按钮，即可完成新角色创建（图 2.11）。

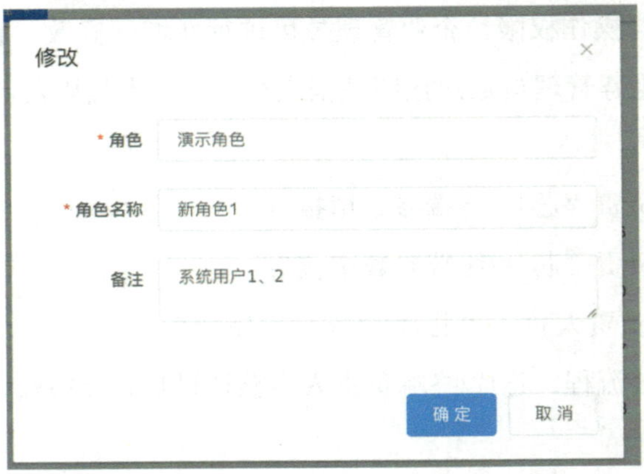

图 2.10　新增角色界面

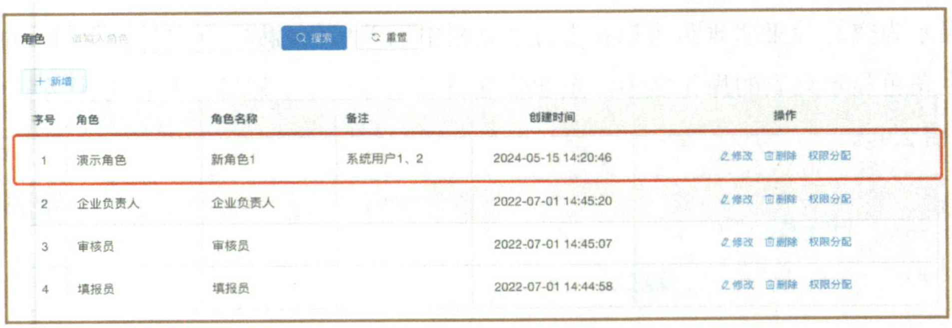

图 2.11　完成角色创建界面

（4）修改角色

企业管理员可修改已创建角色的信息。进入图 2.9 所示的角色管理列表选择对应角色，点击该角色操作栏的“修改”按钮，修改对应角色信息并点击“确定”按钮，即可完成角色信息修改（图 2.12、图 2.13）。

图 2.12　角色信息修改界面

图 2.13　完成角色信息修改界面

（5）删除角色

企业管理员可删除已创建角色的信息。进入图 2.9 所示的角色管理列表选择对应角色，点击该角色操作栏的“删除”按钮，在弹出的系统提示框中点击“确定”按钮，即可完成角色删除，如图 2.14 所示。需要注意的是，已删除的角色不可恢复，请在删除前进行确认。

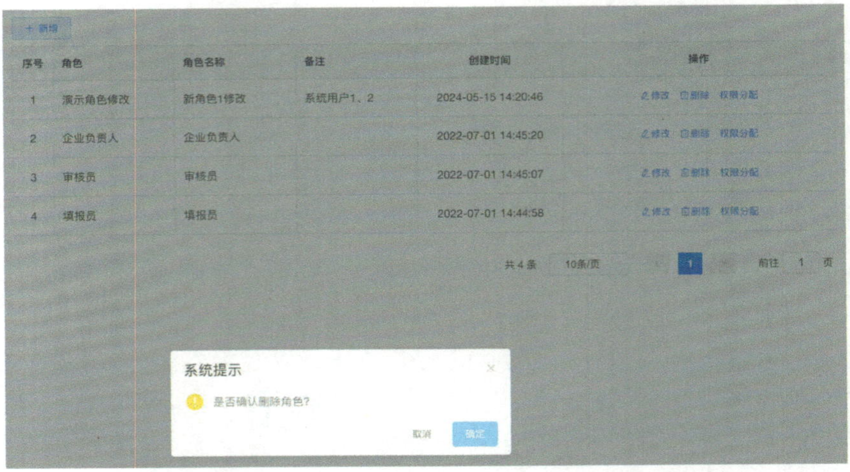

图 2.14　角色删除界面

（6）权限分配

企业管理员可为角色分配权限，该功能将决定各角色属性用户在系统中的访问与操作权限。进入图 2.9 所示的角色管理列表选择对应角色，点击该角色操作栏的“权限分配”按钮，进入权限分配界面，如图 2.15 所示。

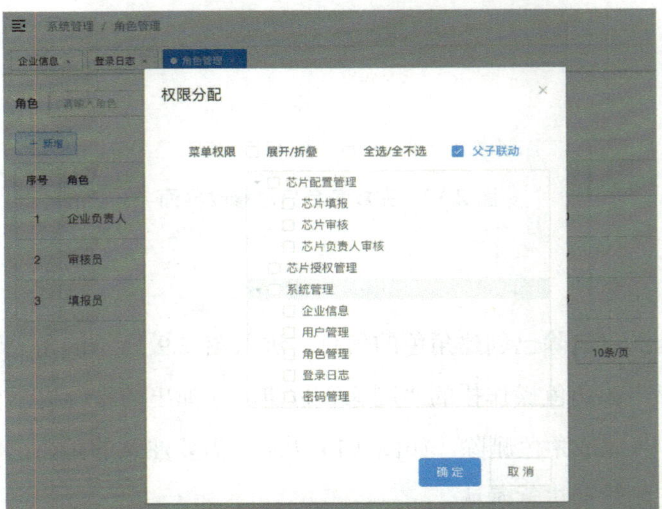

图 2.15　权限分配界面

权限分配界面包括菜单权限与功能管理。菜单权限包括“展开/折叠”“全选/全不选”“父子联动”。“展开/折叠”：点击可展开或收起芯片/终端配置管理、系统管理界面的所有下级节点；“全选/全不选”：勾选或取消勾选功能管理中所有功能；“父子联动”：勾选上级节点可自动选择该节点下所有下级节点，如直接勾选芯片配置管理，则自动勾选芯片填报、芯片审核、芯片负责人审核。功能管理包括芯片/终端配置管理、芯片授权管理、系统管理等，企业可按需对所有角色权限进行分配。

注：芯片企业和终端企业管理员所分配的菜单列表不同。建议终端企业管理员重点将终端填报、终端审核、终端负责人审核功能分别授予不同角色用户；芯片企业管理员重点将芯片填报、芯片审核、芯片负责人审核功能分别授予不同角色用户。

2.2.4　登录日志

企业管理员可通过登录日志查看登录本系统的用户信息、登录时间和 IP 地址。登录日志可以通过用户名和姓名进行查询，如图 2.16 所示。

图 2.16　登录日志界面

2.2.5 密码管理

系统用户可通过密码管理界面修改本人登录密码。旧密码、新密码验证通过后即修改成功，后续可用新密码进行验证登录，如图 2.17 所示。

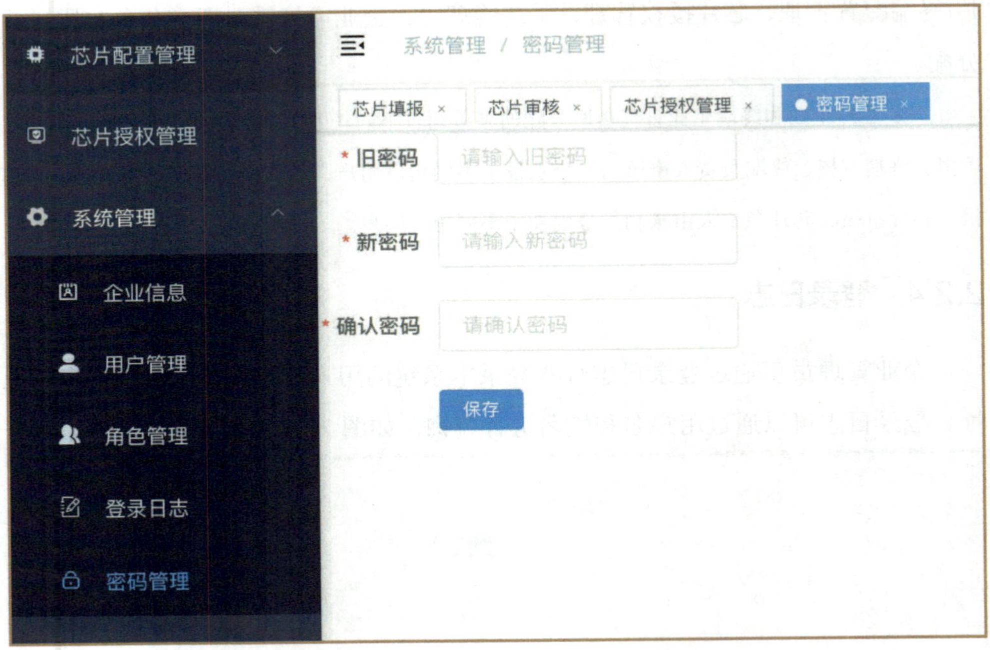

图 2.17 密码管理界面

第3章

芯片企业系统用户操作规程

■ 关 敏 钱立运

本章主要面向芯片生产企业（以下简称芯片企业）芯片配置信息填报人员、审核人员、企业负责人、芯片授权管理人员等。本章主要描述了芯片企业开展芯片配置信息填报、审核以及授权使用等备案信息管理系统各功能模块的操作流程和功能使用方法，便于指导芯片企业系统管理员了解并使用备案信息管理系统。

3.1　系统登录

打开浏览器，在网页地址栏输入网址（https://czzd.vecc.org.cn/），进入备案信息管理系统登录界面，如图 3.1 所示。在系统登录界面输入企业编号、账号、密码以及右侧显示的 4 位验证码，点击“登录”按钮进入系统。

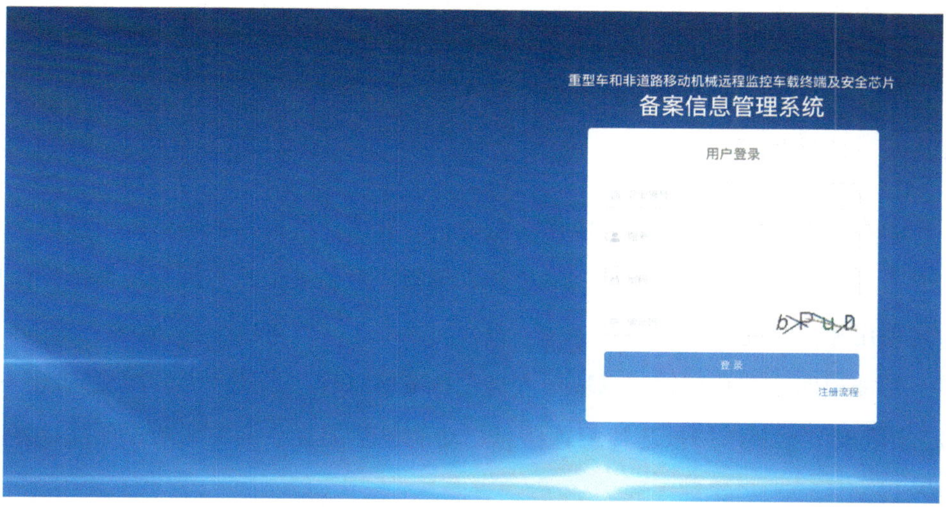

图 3.1　备案信息管理系统登录界面

3.2　芯片配置管理

芯片配置管理包括芯片填报、芯片审核以及芯片负责人审核等功能，分别对应三级审核中的填报人员、审核人员、企业负责人。进入备案信息管理系统后，点击左侧功能栏“芯片配置管理”下任意子节点，进入芯片管理界面，如图 3.2 所示。

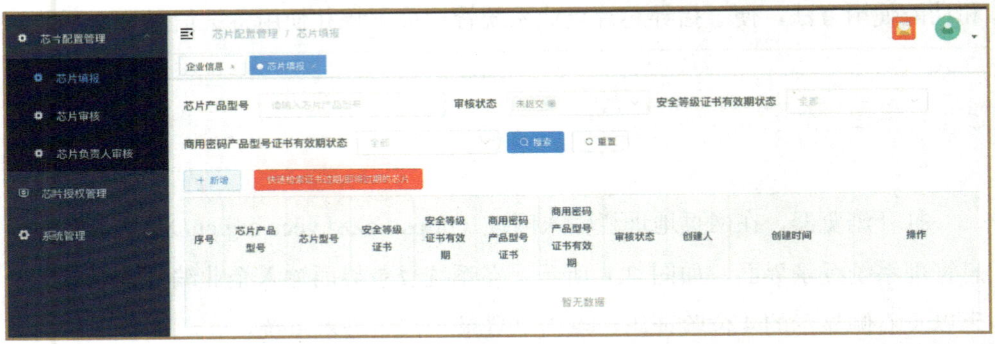

图 3.2　芯片管理界面

3.2.1　芯片填报

本小节涉及的所有功能与操作均需要企业管理员授权，管理员账户按照本书第 2 章流程将“芯片配置管理”→“芯片填报”对备案信息管理系统角色授权后方可使用相关功能。

功能说明：芯片配置信息填报人员在备案信息管理系统“芯片配置管理”→“芯片填报”界面，填报芯片配置信息，功能包括配置查询、新增、删除、修改以及提交。

（1）芯片配置查询

进入芯片管理界面，系统用户可在界面上方的检索栏输入芯片产品型号、审核状态等查询芯片配置，备案信息管理系统默认显示所有芯片配置信息。

（2）芯片配置审核状态

芯片配置审核状态包括“未提交”“待审核”“待负责人审核”“审核通过”“被打回”5 种状态，每种状态表示不同的芯片备案阶段。

未提交：芯片填报人员已完成新增芯片配置信息录入并保存，但尚未提交至审核人员审核；或芯片配置被打回后填报人员修改信息并保存，但尚未提交至审核人员审核。

待审核：芯片配置信息已提交，但审核人员未审核。

待负责人审核：审核人员已完成芯片配置信息审核，但芯片负责人尚未审核。

审核通过：芯片配置已通过芯片负责人审核。

被打回：芯片配置被审核人员或芯片负责人打回。

（3）新增芯片配置

填报人员在芯片管理界面点击“新增”按钮，即可进入芯片配置新增界面，如图 3.3、图 3.4 所示。

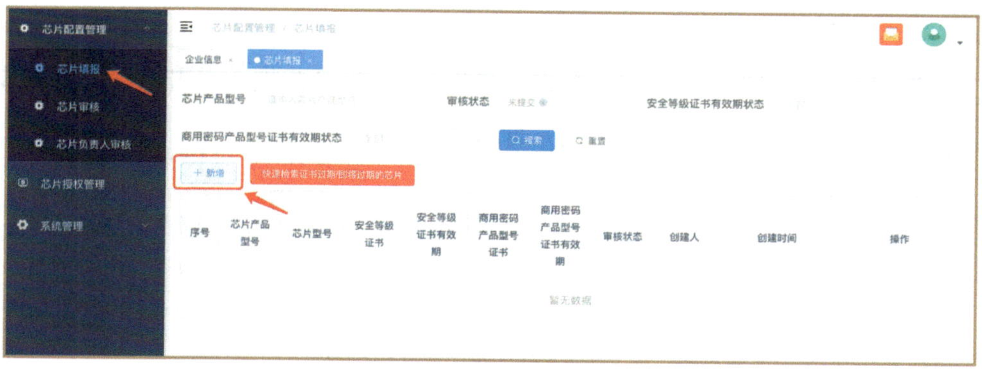

图 3.3　芯片配置新增界面入口

在芯片配置新增界面填写芯片产品型号、芯片型号等配置信息，并上传芯片安全等级证书和芯片商用密码证书 PDF 格式扫描件（图 3.4）。全部填写后确认录入信息，确认无误后点击“保存”按钮即可完成新增芯片配置，该芯片配置将处于“待提交”状态；也可以点击“保存并提交”按钮直接提交新增芯片配置，该芯片配置将处于“待审核”状态。

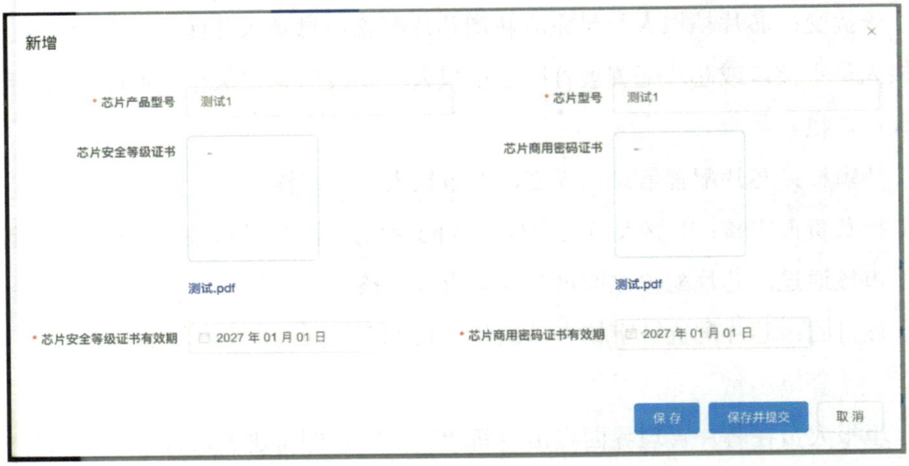

图 3.4　芯片配置新增界面

（4）芯片配置修改

返回芯片管理界面，填报人员选择需要修改的芯片配置并点击操作栏的“修改”按钮，即可进入芯片配置修改界面，如图 3.5 所示。

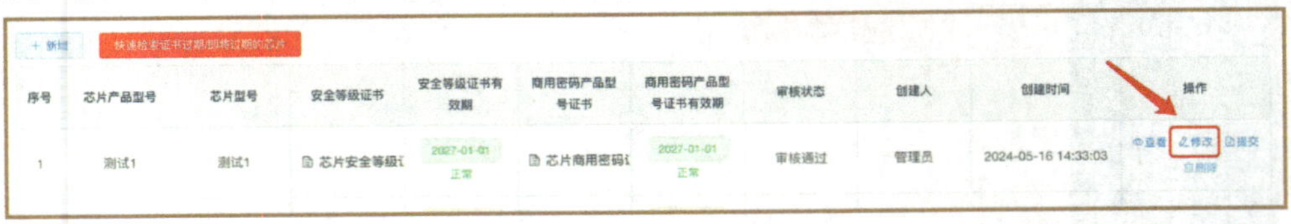

图 3.5　芯片配置修改界面入口

填报人员修改相关配置信息确认。将鼠标置于芯片安全等级证书或芯片商用密码证书的预览图片上，可出现“”“”“”图标，如图 3.6 所示，点击“”可放大显示证书图片，进一步确认证书信息；点击“”可下载已上传的证书文件；点击“”可删除已上传的证书文件。确认无误后，点击“保存”按钮即完成芯片配置信息修改，保存后芯片配置将处于“待提交”状态；也可以点击“保存并提交”按钮直接提交新增芯片配置，提交后该芯片配置将处于“待审核”状态。

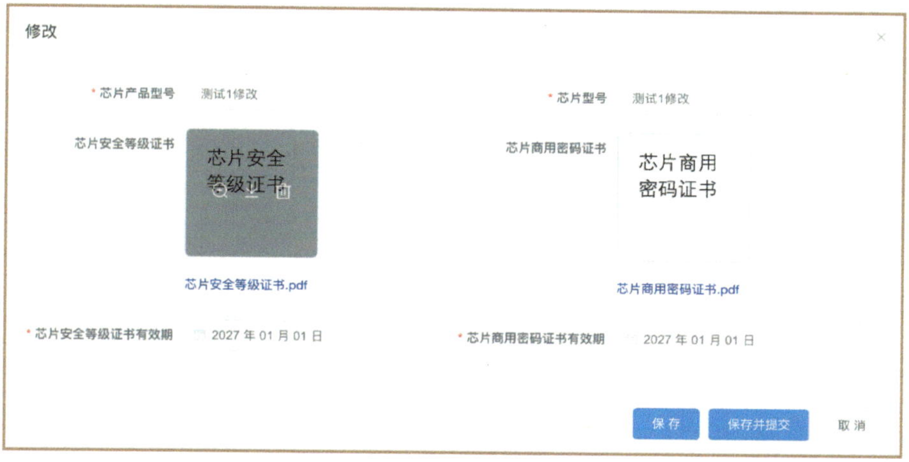

图 3.6　芯片配置修改界面

需要注意的是，对于已提交的芯片配置，无法直接按照本小节流程修改。需要审核人员或芯片负责人将芯片配置打回后才能修改，芯片配置打回流程将在后续章节进行介绍。

（5）芯片配置查看

填报人员在芯片管理界面点击操作栏的“查看”按钮，即可进入芯片配置查看界面，如图 3.7 所示。

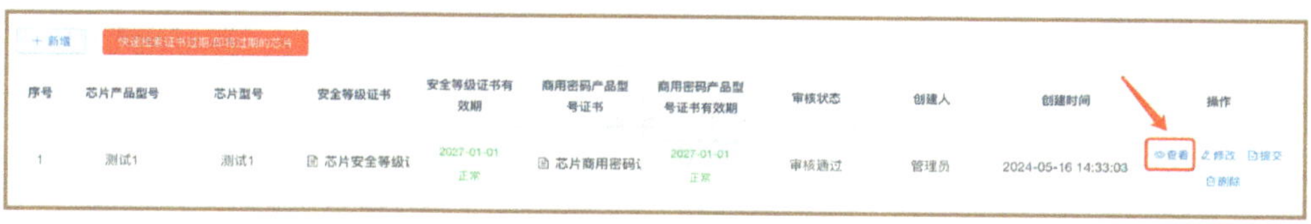

图 3.7　芯片配置查看界面入口

在芯片配置查看界面，填报人员可以确认已录入的芯片配置信息，如图 3.8 所示。将鼠标置于芯片安全等级证书或芯片商用密码证书的预览图片上，可出现“”和“”图标。点击“”可放大显示证书图片，进一步确认证书信息；点击“”可下载已上传的证书文件。

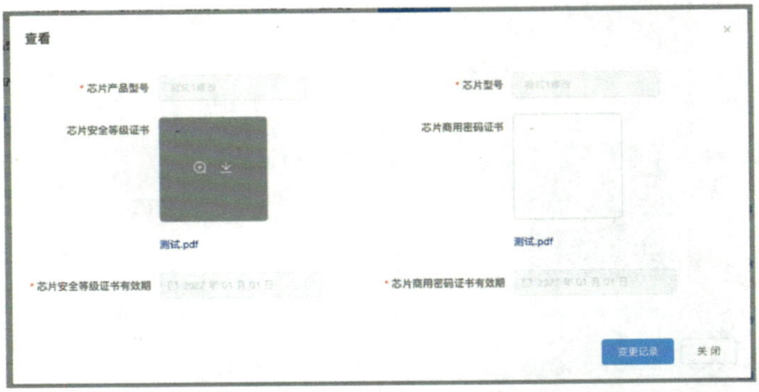

图 3.8　芯片配置查看界面

（6）芯片配置删除

返回芯片管理界面，填报人员选择需要删除的芯片配置并点击操作栏的“删除”按钮，进入芯片配置删除确认界面，点击“确定”按钮即可完成删除，如图 3.9、图 3.10 所示。需要注意的是，芯片配置删除后不可恢复。只有处于“未提交”或“被打回”状态的芯片配置信息才可删除，其他状态下芯片配置无法直接删除。

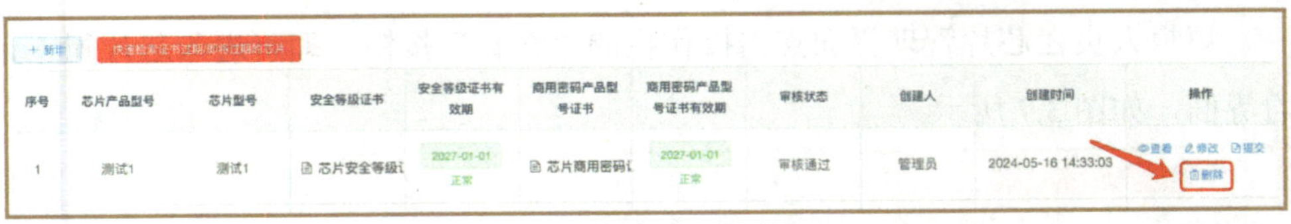

图 3.9　芯片配置删除界面入口

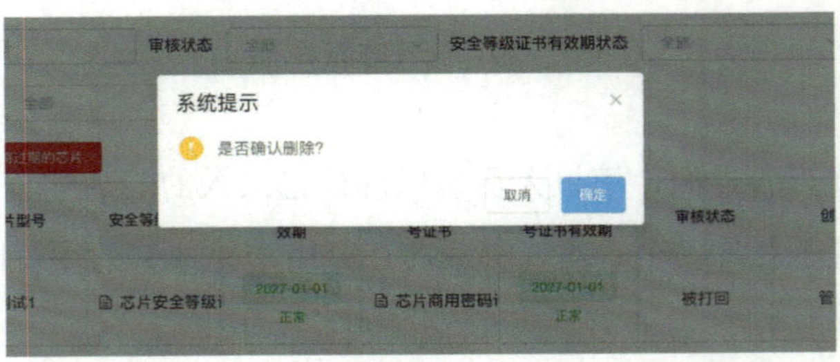

图 3.10　芯片配置删除确认界面

（7）芯片配置提交

返回芯片管理界面，填报人员选择需要提交的芯片配置并点击操作栏的“提交”按钮，进入芯片配置提交确认界面，点击“确定”按钮即可完成提交，如图 3.11 所示。需要注意的是，只有处于“未提交”或“被打回”状态的芯片配置信息才可提交。提交后该芯片配置信息进入“待审核”状态。

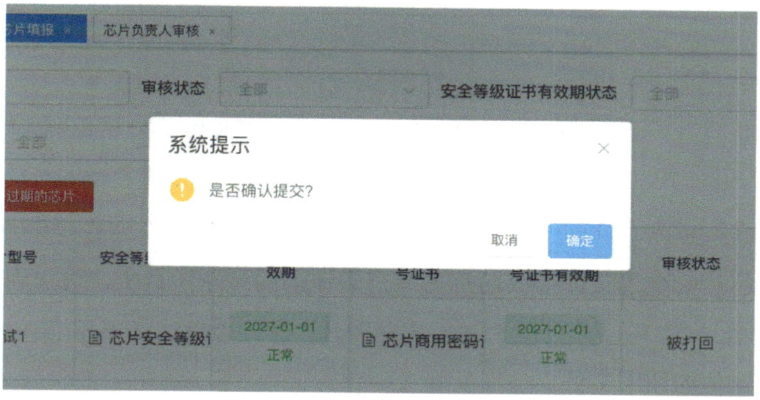

图 3.11　芯片配置提交确认界面

3.2.2　芯片审核

本小节涉及的所有功能与操作均需要企业管理员授权，管理员账户按照本书第 2 章流程将“芯片配置管理”→“芯片审核”对备案信息管理系统角色授权后方可使用相关功能。

功能说明：芯片配置信息审核人员在备案信息管理系统的“芯片配置管理”→“芯片审核”界面查看并审批芯片配置信息，功能包括配置查询、查看、审核、打回、批量审核、批量打回等。

（1）芯片配置查询

进入芯片管理界面，审核人员可在界面上方的检索栏输入芯片型号、审核状态、认证证书编号等查询芯片配置，系统默认显示所有芯片配置信息。

（2）芯片配置查看

进入芯片管理界面，审核人员可选择需要查看的芯片配置并点击操作栏的“查看”按钮，进入芯片配置查看界面，如图 3.12 所示。

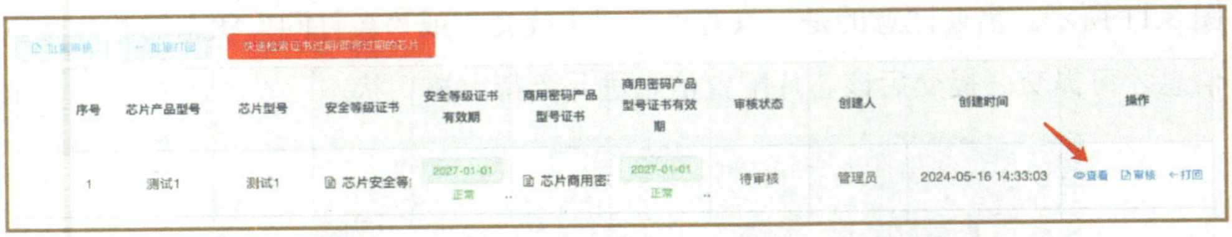

图 3.12　芯片管理界面执行查看操作

在芯片配置查看界面（图 3.13），审核人员可确认已录入的芯片配置信息。将鼠标置于芯片安全等级证书或芯片商用密码证书的预览图片上，可出现“”和“”图标。点击“”可放大显示证书图片，进一步确认证书信息；点击“”可下载已上传的证书文件。

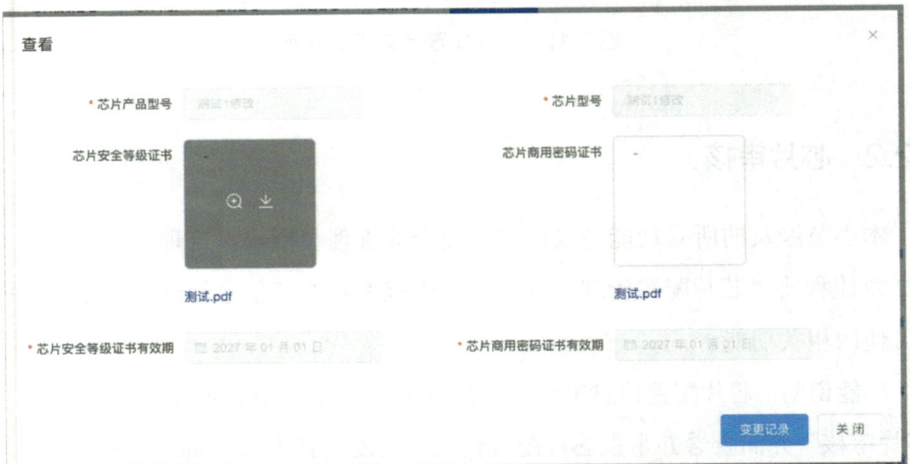

图 3.13　芯片配置查看界面

（3）芯片配置审核

进入芯片管理界面，审核人员可选择相关芯片配置并点击操作栏的“审核”

按钮，进入芯片配置审核界面，如图 3.14 所示。

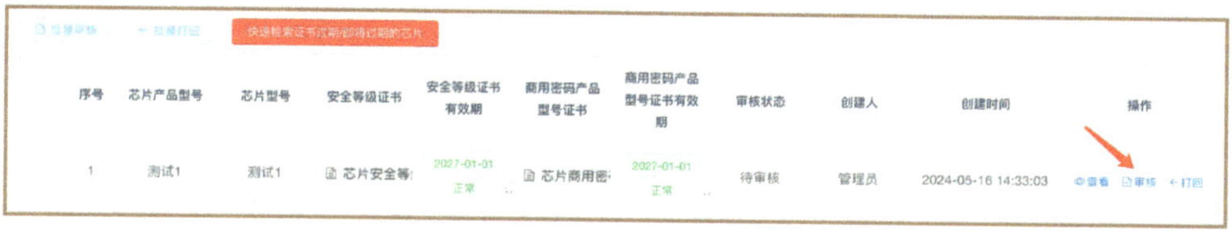

图 3.14　芯片管理界面执行审核操作

在芯片配置审核界面，审核人员可确认已提交的芯片配置信息（图 3.15）。若确认信息无误，可点击“审核通过”按钮，芯片配置将处于“待负责人审核”状态；若需要修改，可点击“打回”按钮并填写审核意见，芯片配置将处于“被打回”状态。需要注意的是，只有处于“待审核”状态的芯片配置信息方可在此审核，其他状态会提示当前状态不能审核。

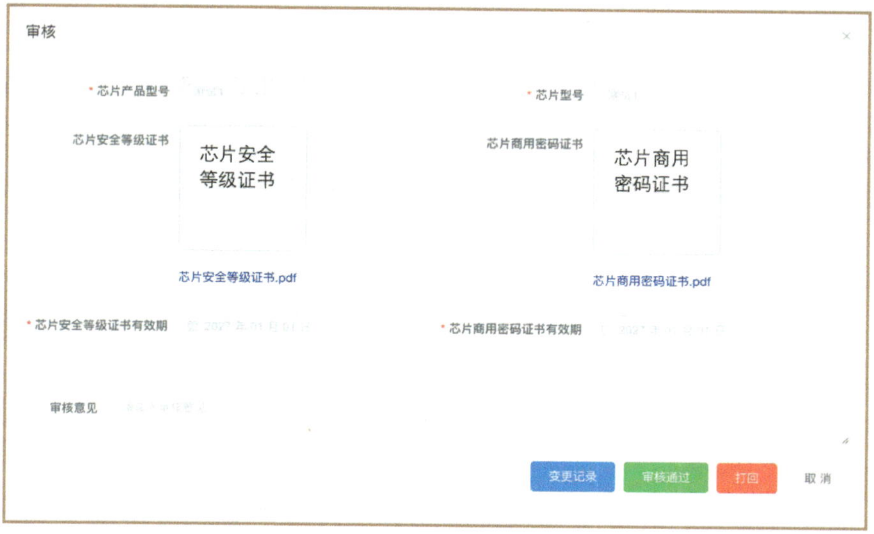

图 3.15　芯片配置审核界面

在芯片配置审核界面执行审核或打回操作后，芯片管理界面将同步显示芯片配置的审核状态，如图 3.16、图 3.17 所示。

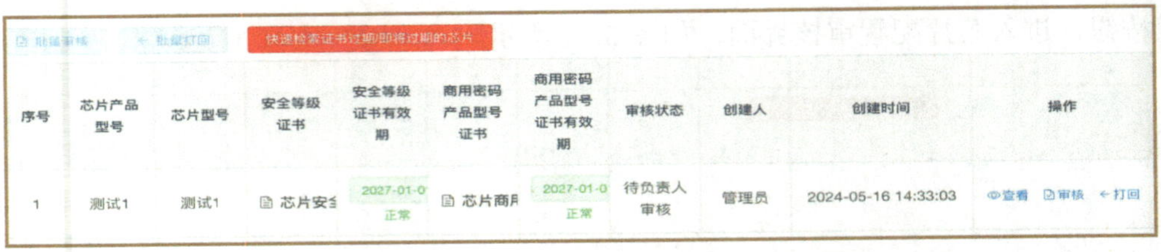

图 3.16 审核通过后芯片管理界面显示

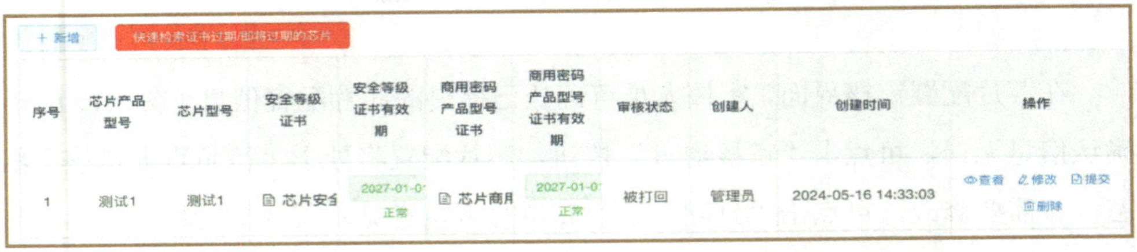

图 3.17 审核打回后芯片管理界面显示

（4）芯片配置打回

除上一小节介绍的打回方式外，审核人员还可以在芯片管理界面选择需要打回的芯片配置并点击操作栏的“打回”按钮，打回对应配置信息，如图 3.18 所示。需要注意的是，只有处于“待审核”状态的芯片配置信息才可打回，其他状态会提示当前状态不能打回。

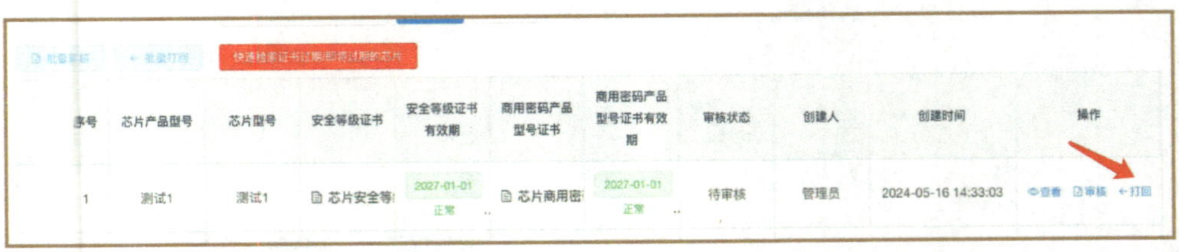

图 3.18 芯片管理界面执行打回操作

（5）批量审核/批量打回

进入芯片管理界面，审核人员可在序号列左侧的方框中勾选需要审核或打回的芯片配置信息，并点击芯片列表上方的“批量审核”或“批量打回”按钮，如

图 3.19 所示。

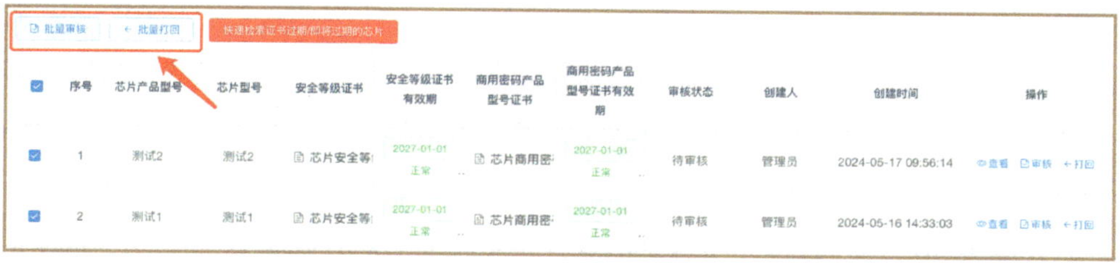

图 3.19　芯片管理界面执行批量操作

在备案信息管理系统弹出的确认界面点击“确定”按钮，即可完成芯片配置的批量审核或批量打回（图 3.20）。批量审核或批量打回后，芯片管理界面将同步更新相关芯片配置的审核状态（图 3.21）。

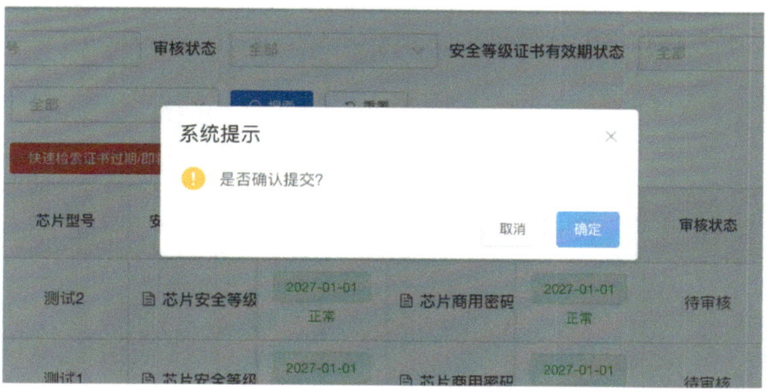

图 3.20　确认界面执行确定操作

图 3.21　批量审核后芯片管理界面显示

3.2.3 芯片负责人审核

本小节涉及的所有功能与操作均需要企业管理员授权，管理员账户按照本书第 2 章流程将“芯片配置管理”→“芯片负责人审核”对备案信息管理系统角色授权后方可使用相关功能。

功能说明：芯片负责人在备案信息管理系统的“芯片配置管理”→“芯片负责人审核”界面查看并最终审批芯片配置信息，审批通过后可向终端生产企业授权，功能包括配置查询、查看、审核、打回、批量审核、批量打回等。

（1）芯片配置查询

进入芯片管理界面，芯片负责人可在界面上方的检索栏输入芯片型号、审核状态、证书状态等查询芯片配置，如图 3.22 所示。未录入检索条件前，芯片管理界面默认显示所有芯片配置信息。

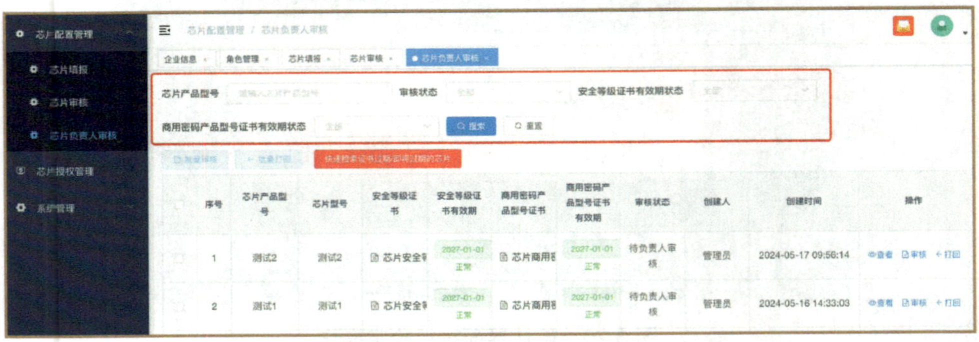

图 3.22 芯片管理界面执行查询操作

（2）芯片配置查看

进入芯片管理界面，芯片负责人可选择相关芯片配置并点击操作栏的“查看”按钮，进入芯片配置查看界面，如图 3.23 所示。

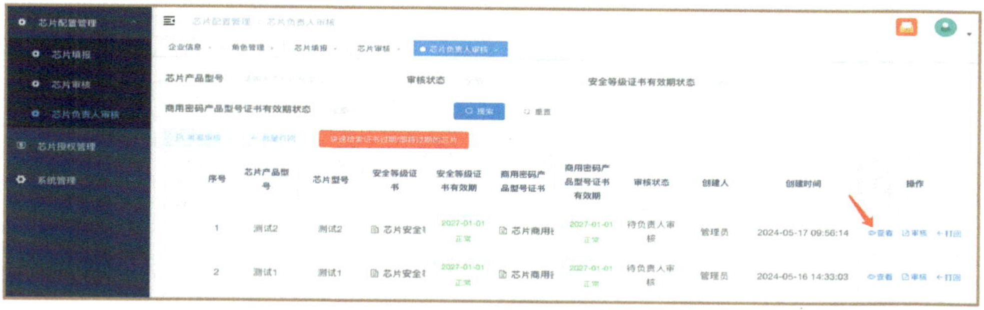

图 3.23　芯片管理界面执行查看操作

在芯片配置查看界面，芯片负责人可确认已录入的芯片配置信息。将鼠标置于芯片安全等级证书或芯片商用密码证书的预览图片上，可出现“”和“”图标（图 3.24）。点击“”可放大显示证书图片，进一步确认证书信息；点击“”可下载已上传的证书文件。

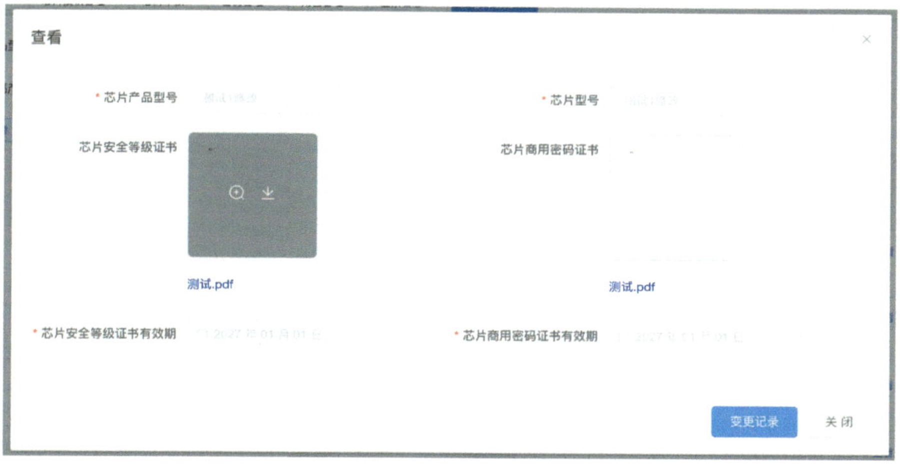

图 3.24　芯片配置查看界面

（3）芯片配置审核

进入芯片管理界面，芯片负责人选择相关芯片配置并点击操作栏的“审核”按钮，进入芯片配置审核界面，如图 3.25 所示。

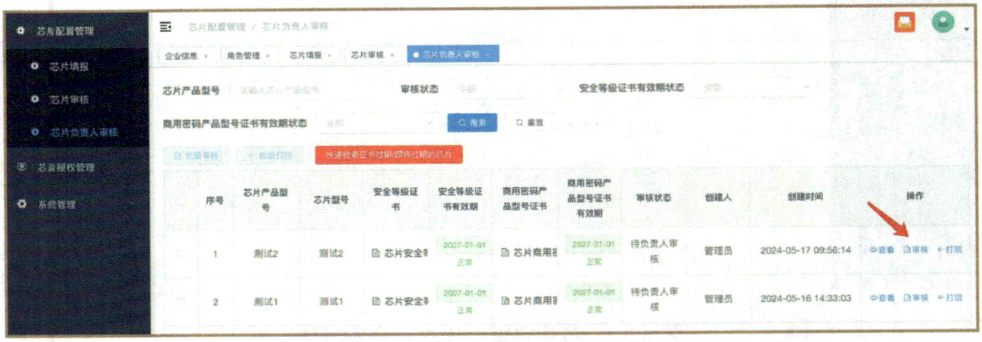

图 3.25　芯片管理界面执行审核操作

在芯片配置审核界面，芯片负责人可确认已提交的芯片配置信息。若确认信息无误，可点击“审核通过”按钮，芯片配置将处于“审核通过”状态；若需要修改，可点击“打回”按钮并填写审核意见，芯片配置将处于“被打回”状态，如图 3.26 所示。需要注意的是，只有处于“待负责人审核”状态的芯片配置信息才可在此审核，其他状态会提示当前状态不能审核。

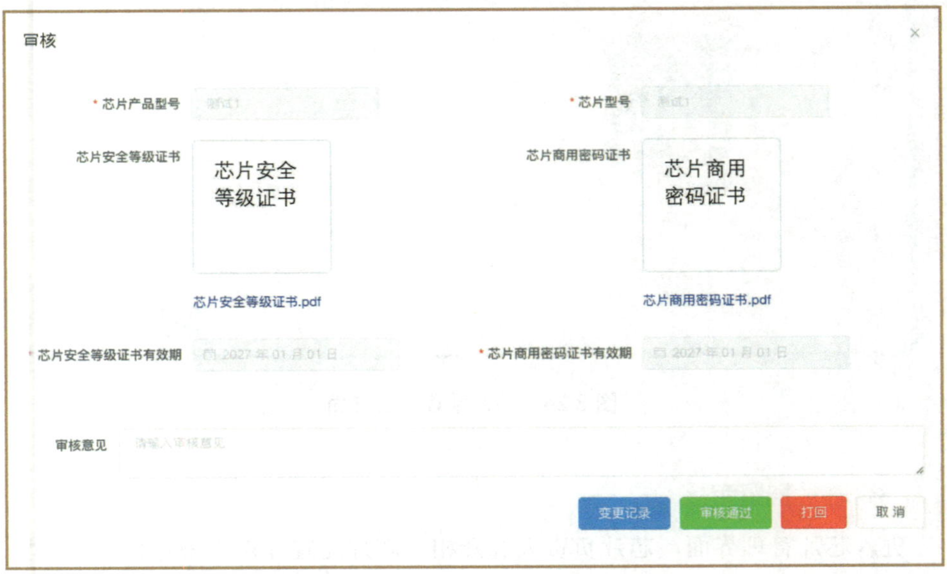

图 3.26　芯片配置审核界面

（4）芯片配置打回

除上一小节介绍的打回方式外，芯片负责人还可以在芯片管理界面选择需要打回的芯片配置并点击操作栏的“打回”按钮，打回对应配置信息，如图 3.27 所示。需要注意的是，只有处于“待负责人审核”状态的芯片配置信息才可打回，其他状态会提示当前状态不能打回。

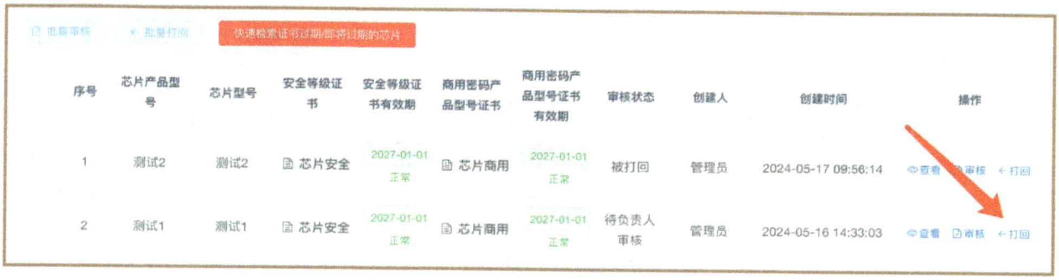

批量审核　批量打回　快速检索证书过期/即将过期的芯片

序号	芯片产品型号	芯片型号	安全等级证书	安全等级证书有效期	商用密码产品型号证书	商用密码产品型号证书有效期	审核状态	创建人	创建时间	操作
1	测试2	测试2	芯片安全	2027-01-01 正常	芯片商用	2027-01-01 正常	被打回	管理员	2024-05-17 09:56:14	查看 审核 打回
2	测试1	测试1	芯片安全	2027-01-01 正常	芯片商用	2027-01-01 正常	待负责人审核	管理员	2024-05-16 14:33:03	查看 审核 打回

图 3.27　芯片管理界面执行打回操作

（5）批量审核/批量打回

进入芯片管理界面，芯片负责人可在序号列左侧的方框中勾选需要审核或打回的芯片配置信息，并点击芯片列表上方的“批量审核”或“批量打回”按钮，如图 3.28 所示。

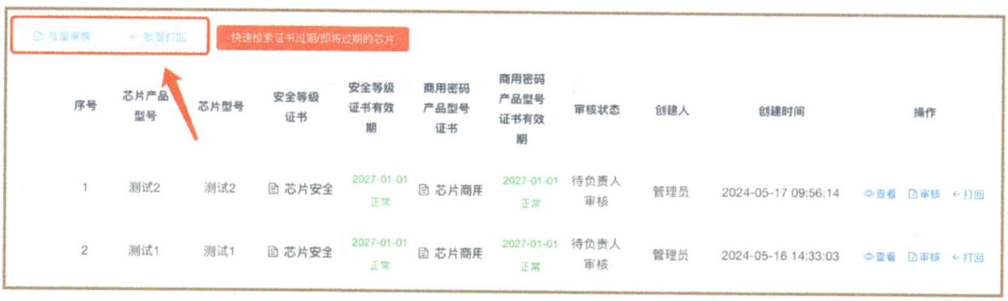

批量审核　批量打回　快速检索证书过期/即将过期的芯片

序号	芯片产品型号	芯片型号	安全等级证书	安全等级证书有效期	商用密码产品型号证书	商用密码产品型号证书有效期	审核状态	创建人	创建时间	操作
1	测试2	测试2	芯片安全	2027-01-01 正常	芯片商用	2027-01-01 正常	待负责人审核	管理员	2024-05-17 09:56:14	查看 审核 打回
2	测试1	测试1	芯片安全	2027-01-01 正常	芯片商用	2027-01-01 正常	待负责人审核	管理员	2024-05-16 14:33:03	查看 审核 打回

图 3.28　芯片管理界面执行批量操作

在备案信息管理系统弹出的确认界面点击“确定”按钮，即可完成芯片配置的批量审核或批量打回。批量审核或批量打回后，芯片管理界面将同步更新相关芯片配置的审核状态，如图 3.29、图 3.30 所示。

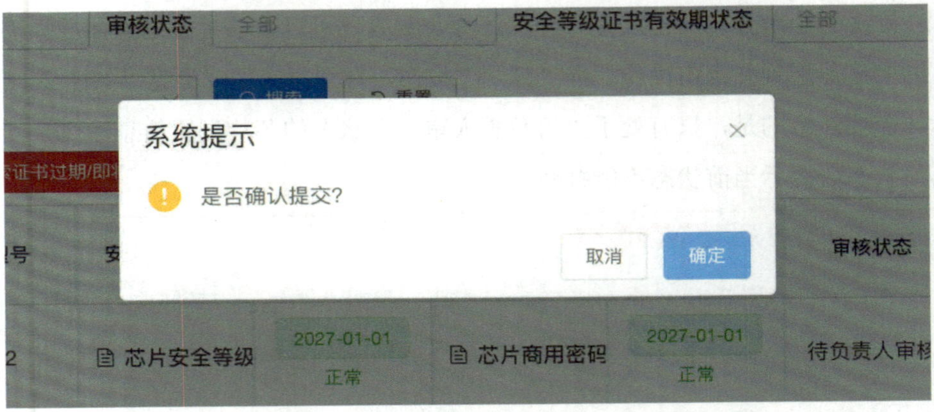

图 3.29　确认界面执行确定操作

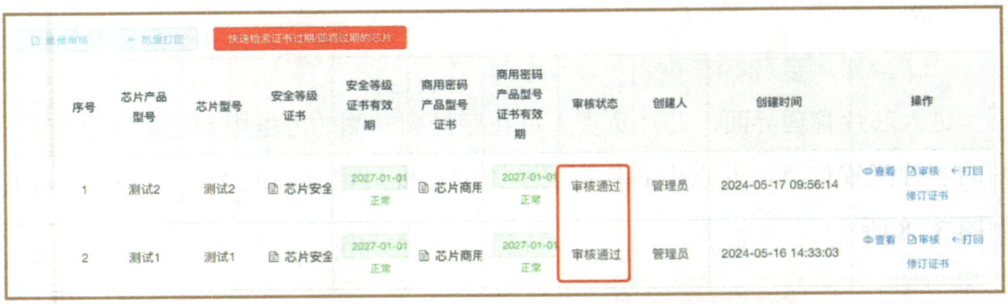

图 3.30　批量审核后芯片管理界面显示

3.3　芯片授权管理

本小节涉及的所有功能与操作均需要企业管理员授权，管理员账户按照本书第 2 章流程将“芯片授权管理”对备案信息管理系统角色授权后方可使用相关功能。

芯片授权管理人在备案信息管理系统的“芯片授权管理”界面，可将已完成备案的芯片授权给终端生产企业使用，如图 3.31 所示。芯片授权管理人选择需要授权的芯片并点击右侧操作栏的“授权管理”按钮，进入芯片授权列表。

图 3.31　芯片授权管理界面

芯片授权列表默认显示所有终端企业，授权人员可在界面上方检索栏中输入终端企业名称并点击“搜索”按钮，快速找到拟授权的终端企业。点击企业右侧操作栏的“授权使用”按钮，即可完成该芯片授权，如图 3.32 所示。

图 3.32　芯片授权列表

授权完成后被授权的终端企业移至下方授权清单中，便于企业查看每个芯片配置已授权的终端企业信息，如图 3.33 所示。点击企业右侧操作栏的“取消授权”按钮，即可取消该芯片授权。

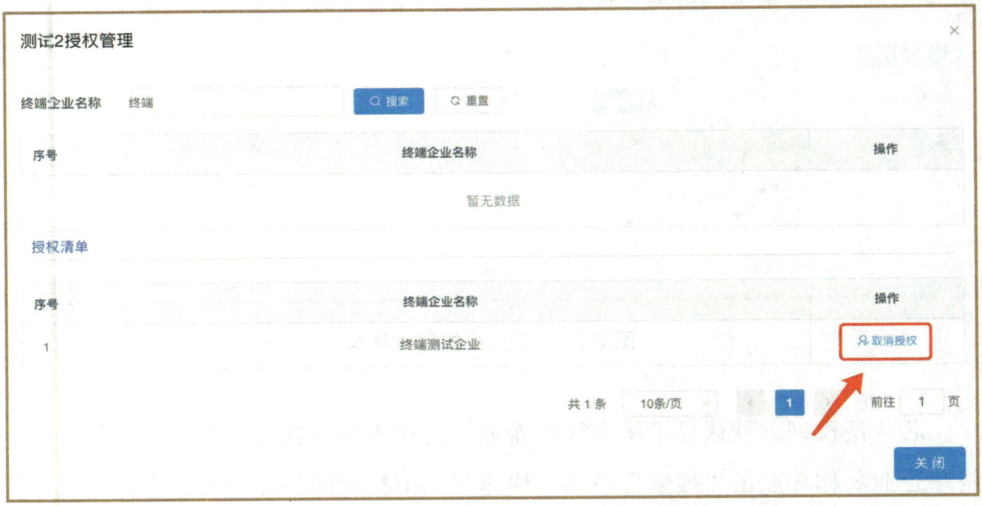

图 3.33　芯片授权完成界面

第 4 章

终端企业系统用户操作规程

张海燕　王鲁昕

本章主要面向排放终端、定位终端生产企业的终端配置信息填报人员、审核人员、企业负责人、终端授权管理人员等。本章主要描述了排放终端、定位终端生产企业开展终端配置信息填报、审核以及授权使用等备案信息管理系统各功能模块的操作流程和功能使用方法，便于指导企业相关人员了解并使用备案信息管理系统。

4.1　系统登录

打开浏览器，在网页地址栏输入网址（https://czzd.vecc.org.cn/），进入备案信息管理系统登录界面，如图 4.1 所示。在系统登录界面输入企业编号、账号、密码以及右侧显示的 4 位验证码，点击“登录”按钮进入系统。

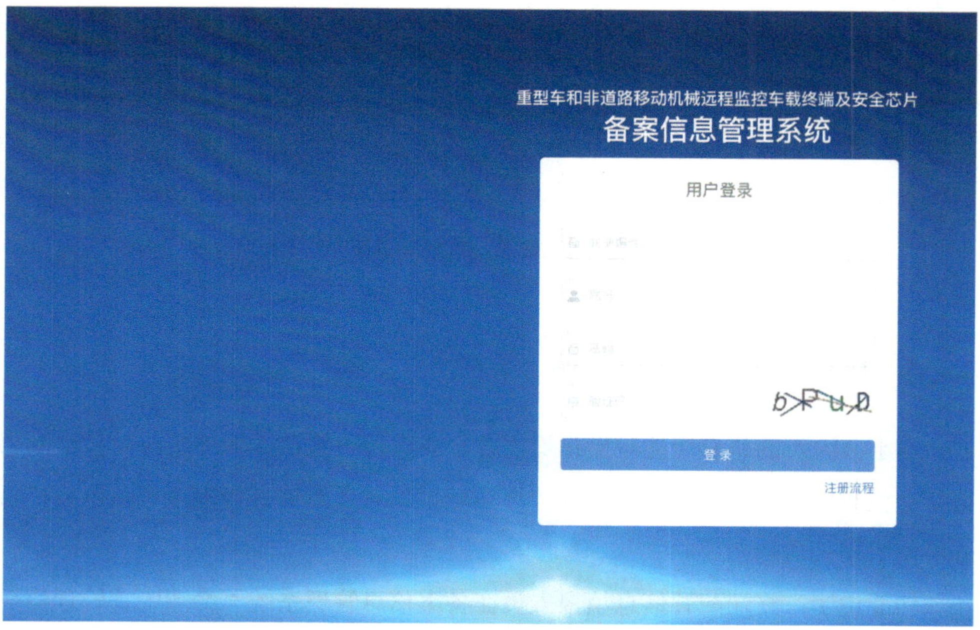

图 4.1　备案信息管理系统登录界面

4.2 排放终端配置管理

终端配置管理包括终端配置信息填报、终端审核以及终端负责人审核等功能，分别对应三级审核中的填报人员、审核人员、终端负责人。进入备案信息管理系统后，点击左侧功能栏的“终端配置管理”下任意子节点，进入终端配置管理界面，如图 4.2 所示。

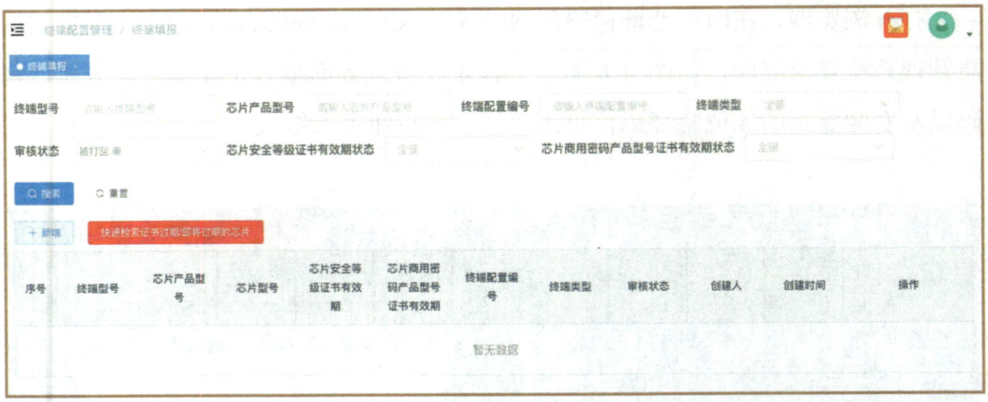

图 4.2　终端配置管理界面

4.2.1 排放终端配置信息填报

本小节涉及的所有功能与操作均需要企业管理员授权，管理员账户按照本书第 2 章流程将“终端配置管理”→“终端填报”对备案信息管理系统角色授权后方可使用相关功能。

功能说明：终端配置信息填报人员在备案信息管理系统“终端配置管理”→“终端填报”界面，填报终端配置信息，功能包括终端配置查询、终端配置新增、修改、查看、删除以及提交。

（1）终端配置查询

进入终端管理界面，系统用户可在界面上方的检索栏输入终端型号、终端类型、芯片产品型号、终端配置编号、审核状态、认证证书编号等查询终端配置，系统默认显示所有终端配置信息。

（2）终端配置审核状态

终端配置审核状态包括“未提交”“待审核”“待负责人审核”“审核通过”“被打回”5 种状态，每种状态表示不同的终端备案阶段。

未提交：填报人员完成新增终端配置信息录入并保存，但未提交至审核人员审核。

待审核：填报人员已提交终端配置信息，但审核人员未审核。

待负责人审核：审核人员已完成终端配置审核，但终端负责人未审核。

审核通过：终端配置已通过终端负责人审核。

被打回：终端配置被审核人员或终端负责人打回。

（3）终端配置新增

填报人员在终端配置管理界面（图 4.3）点击“新增”按钮，进入终端配置新增界面（图 4.4 和图 4.5）。在终端配置新增界面选择终端类型（包括“重型车”“工程机械”“非工程机械”3 种终端类型），本节主要介绍排放终端和定位终端的申报流程，这里排放终端选择“工程机械”，定位终端选择“非工程机械”。排放终端的配置信息包括终端配置和芯片配置两部分内容，终端配置信息为填报人员手动录入；芯片配置信息需要芯片生产企业授权终端企业使用，授权后终端企业可选择相关企业的芯片产品型号，其他信息由系统自动带出，无须终端企业填写。定位终端的配置信息仅包括终端配置信息，由填报人员手动录入。

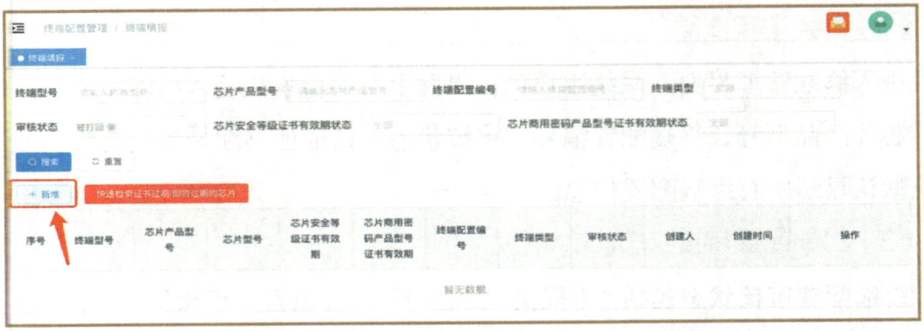

图 4.3　终端配置管理界面执行新增操作

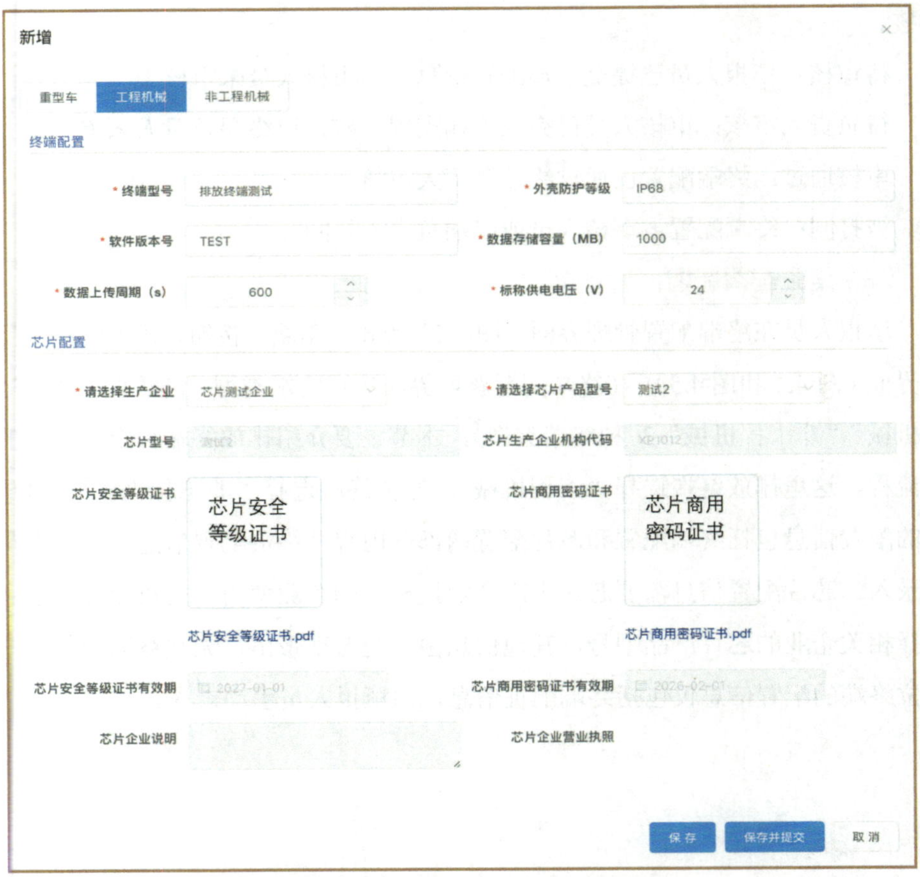

图 4.4　排放终端配置新增界面

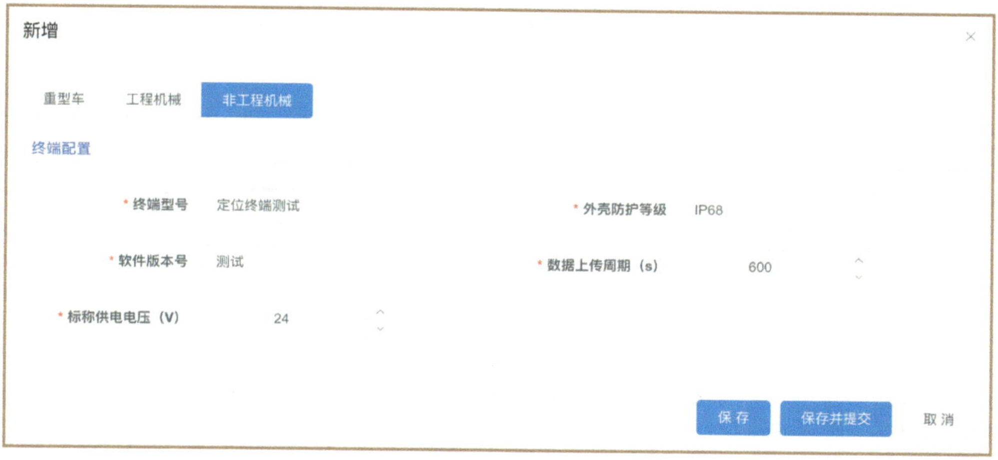

图 4.5　定位终端配置新增界面

需要注意的是，排放终端的芯片配置只能选择已获得授权的企业和芯片产品，未获得授权的企业和芯片产品将不会在下拉菜单中显示。此外，企业无法重复创建相同型号的终端配置，若重复则保存失败。

全部填写后确认录入信息，确认无误后点击“保存”按钮即完成新增终端配置，该终端配置将处于“待提交”状态；也可以直接点击“保存并提交”按钮提交新增终端配置，该终端配置将处于“待审核”状态。

（4）终端配置修改

返回终端配置管理界面，填报人员选择需要修改的终端配置并点击操作栏的“修改”按钮（图 4.6），进入终端配置修改界面（图 4.7 和图 4.8）。填报人员可重新编辑除终端类型、终端配置编号外的所有终端配置信息（终端配置编号由系统自动生成，无法编辑或修改，此时获得的终端配置编号并不代表已完成终端备案），并可重新选择芯片生产企业和产品。确认无误后点击“保存”按钮即可完成终端配置信息修改，保存后终端配置将处于“待提交”状态；也可以点击“保存并提交”按钮直接提交新增终端配置，提交后该终端配置将处于“待审核”状态。

需要注意的是，对于已提交的终端配置，无法直接按照本小节流程修改，需要审核人员或终端负责人将终端配置打回后方可修改，终端配置打回流程将在后续章节中进行介绍。

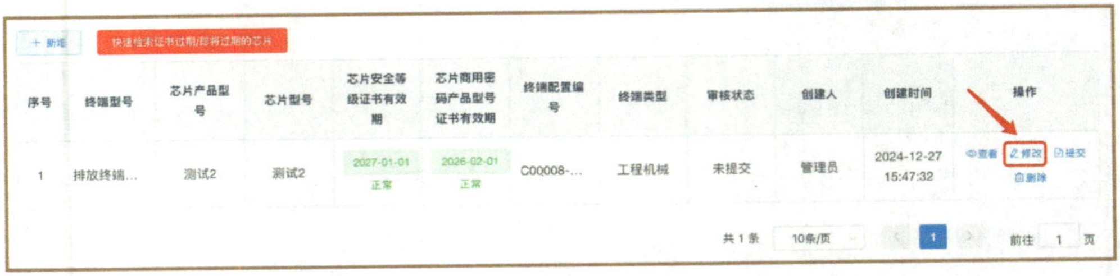

图 4.6 终端配置管理界面执行修改操作

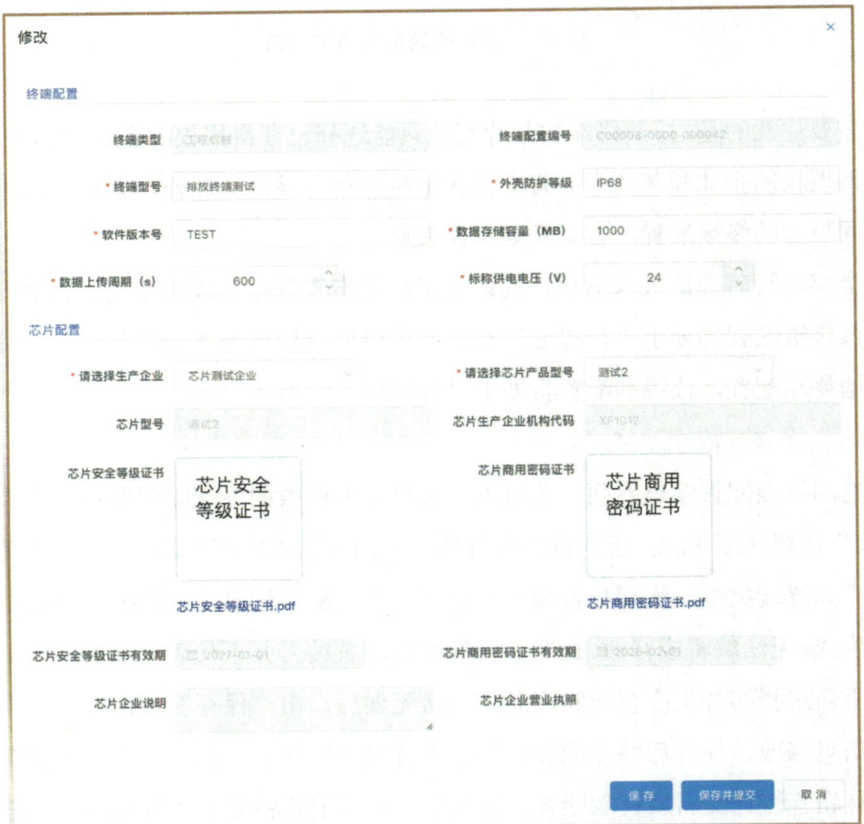

图 4.7 排放终端配置修改界面

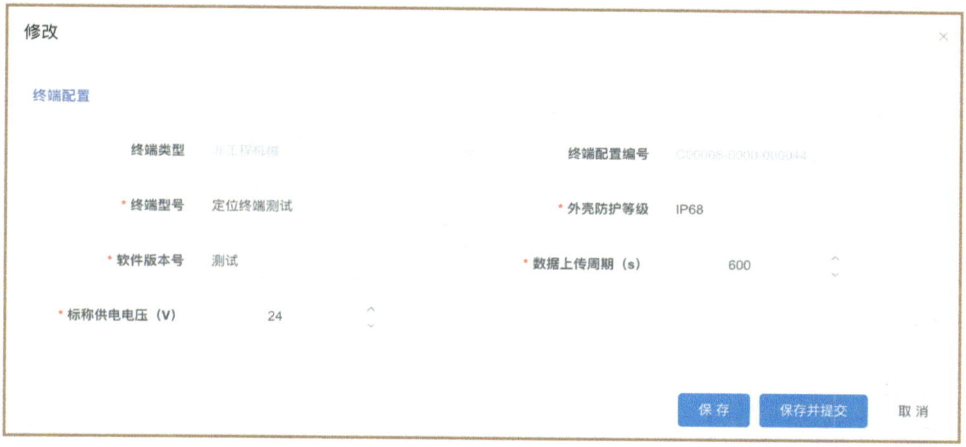

图 4.8　定位终端配置修改界面

（5）终端配置查看

填报人员可在终端配置管理界面点击操作栏的“查看”按钮（图 4.9），进入终端配置查看界面（图 4.10 和图 4.11）。

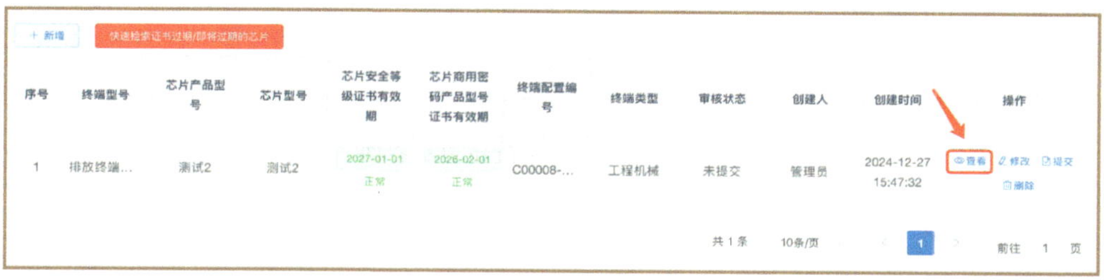

图 4.9　终端配置管理界面执行查看操作

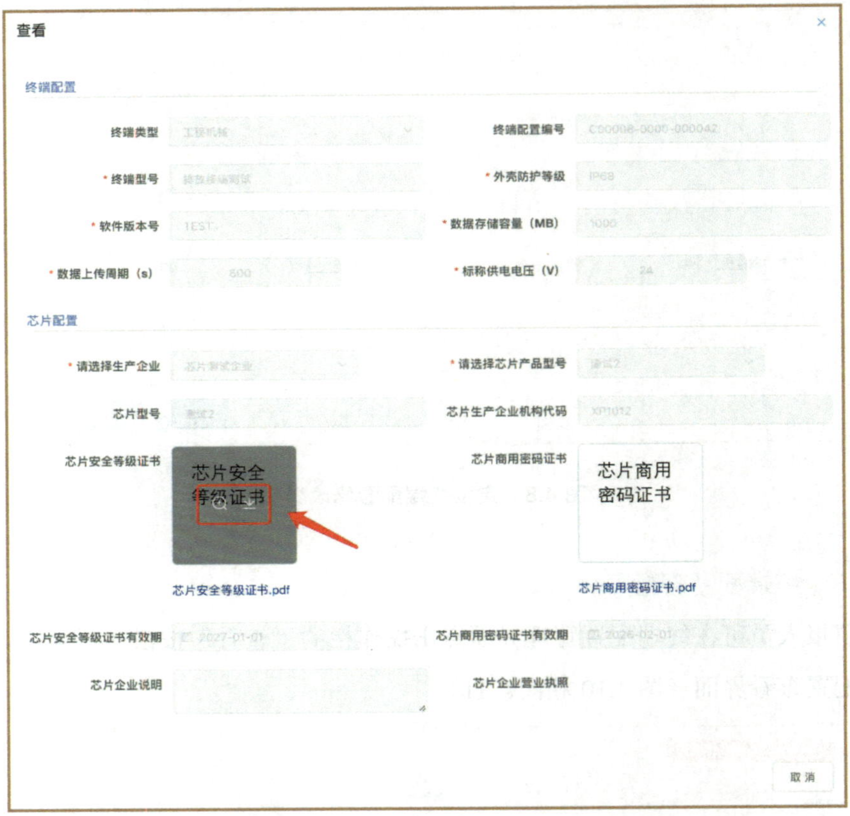

图 4.10　排放终端配置查看界面

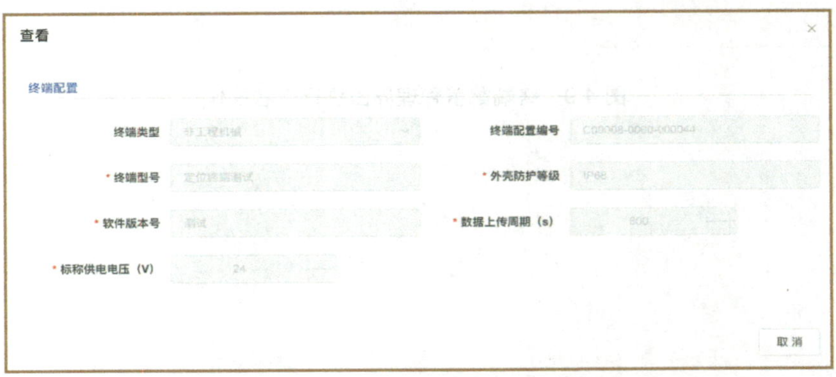

图 4.11　定位终端配置查看界面

在终端配置查看界面，填报人员可以确认已录入的终端配置信息。对于排放终端，将鼠标置于芯片安全等级证书或芯片商用密码证书的预览图片上，可出现“”和“”图标。点击“”可放大显示证书图片，进一步确认证书信息；点击“”可下载已上传的证书文件。

（6）终端配置删除

返回终端配置管理界面，填报人员可选择需要删除的终端配置并点击操作栏的“删除”按钮（图4.12），进入终端配置删除确认界面（图4.13），点击“确定”按钮即可完成删除。需要注意的是，终端配置删除后不可恢复。只有处于“未提交”或“被打回”状态的终端配置信息才可删除，其他状态下终端配置信息无法直接删除。

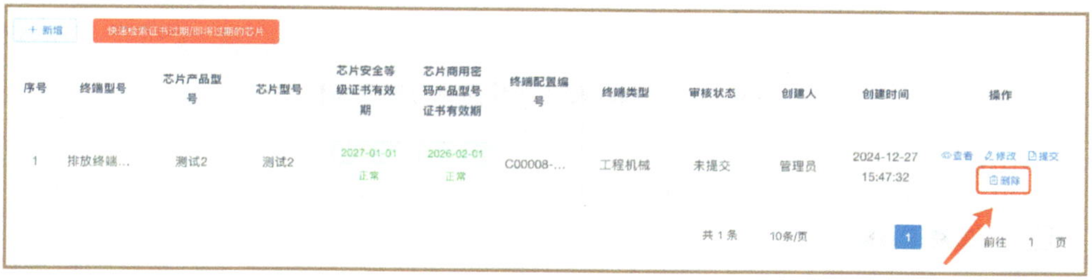

图4.12　终端配置管理界面执行删除操作

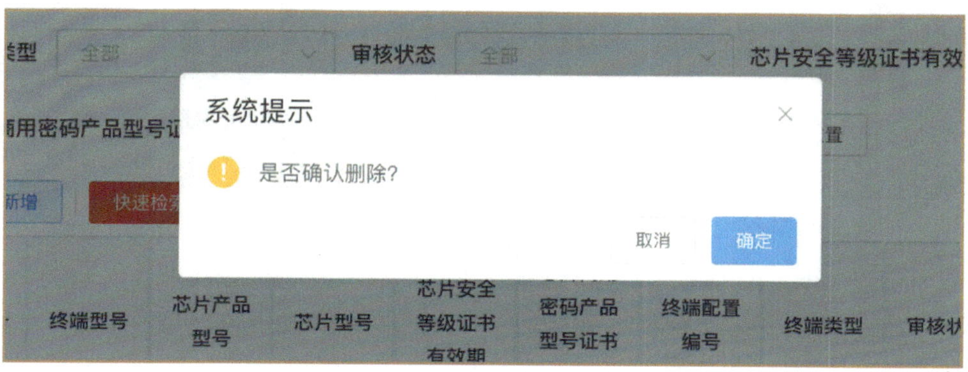

图4.13　终端配置删除确认界面

（7）终端配置提交

返回终端配置管理界面，填报人员选择需要提交的终端配置并点击操作栏的“提交”按钮（图 4.14），进入终端配置提交确认界面（图 4.15），点击“确定”按钮即可完成提交。需要注意的是，只有处于“未提交”或“被打回”状态的终端配置信息才可提交，提交后该终端配置信息进入“待审核”状态。

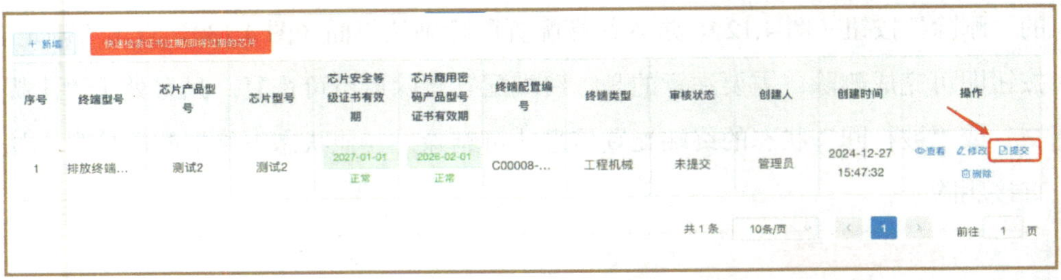

图 4.14　终端配置管理界面执行提交操作

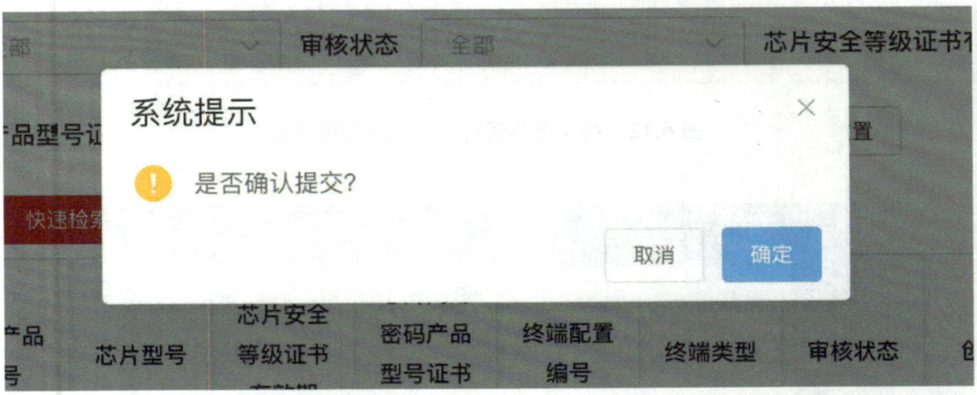

图 4.15　终端配置提交确认界面

4.2.2　终端审核

本小节涉及的所有功能与操作均需要企业管理员授权，管理员账户按照本书第 2 章流程将“终端配置管理”→“终端审核”对备案信息管理系统角色授权后才可使用相关功能。

功能说明：终端配置信息审核人员在备案信息管理系统的“终端配置管理”→“终端审核”界面查看并审批终端配置信息，功能包括配置查询、查看、审核、打回、批量审核、批量打回等。

（1）终端配置查询

进入终端配置管理界面，审核人员可在界面上方的检索栏输入终端型号、终端类型、芯片产品型号、终端配置编号、审核状态、认证证书编号等查询终端配置，备案信息管理系统默认显示所有终端配置信息。

（2）终端配置查看

审核人员可以在终端配置管理界面点击操作栏的“查看”按钮（图 4.16），进入终端配置查看界面（图 4.17 和图 4.18）。

在终端配置查看界面，审核人员可以确认已录入的终端配置信息。对于排放终端，将鼠标置于芯片安全等级证书或芯片商用密码证书的预览图片上，可出现“”和“”图标。点击“”可放大显示证书图片，进一步确认证书信息；点击“”可下载已上传的证书文件。

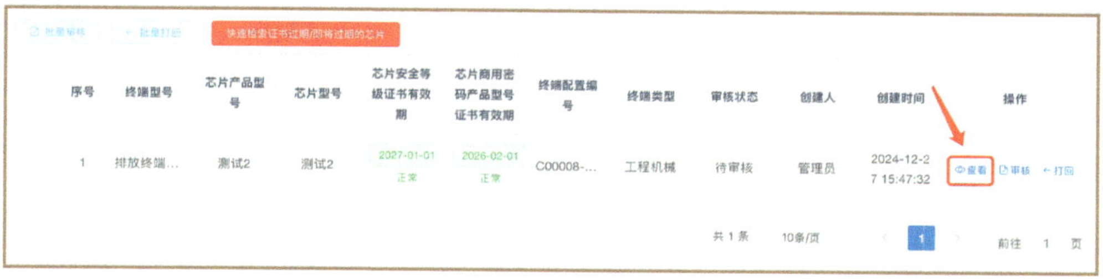

图 4.16　终端配置管理界面执行查看操作

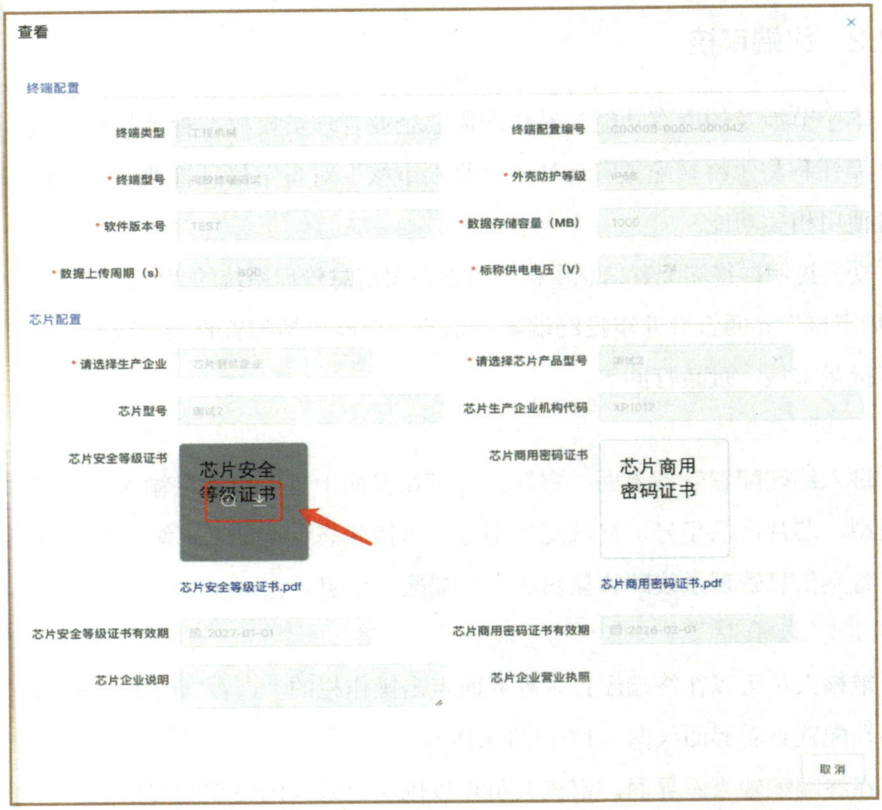

图 4.17　排放终端配置查看界面

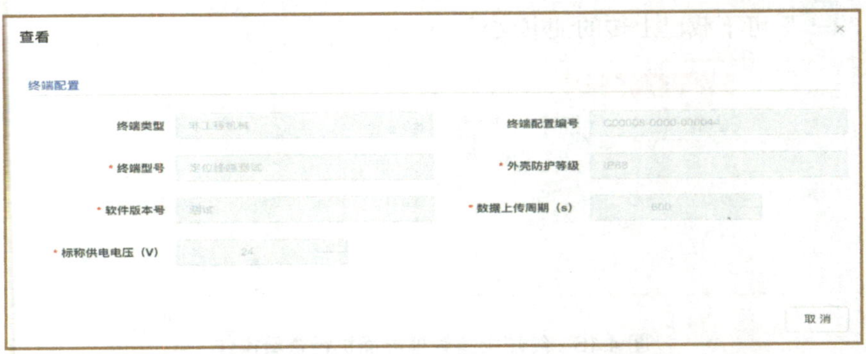

图 4.18　定位终端配置查看界面

（3）终端配置审核

进入终端配置管理界面，审核人员可选择相关终端配置并点击操作栏的“审核”按钮（图 4.19），进入终端配置审核界面，如图 4.20 和图 4.21 所示。

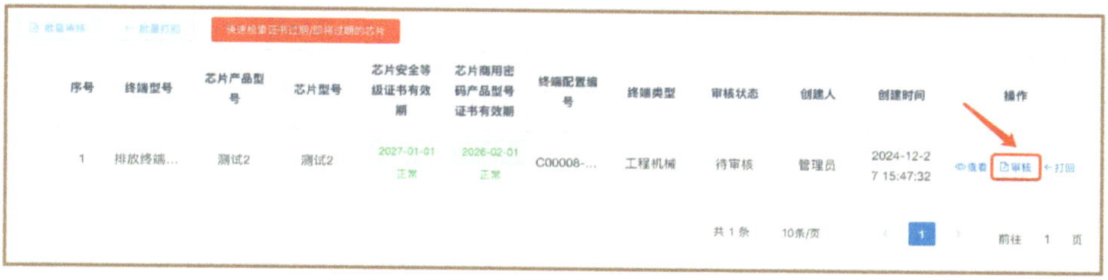

图 4.19　终端配置管理界面执行审核操作

图 4.20　排放终端配置审核界面

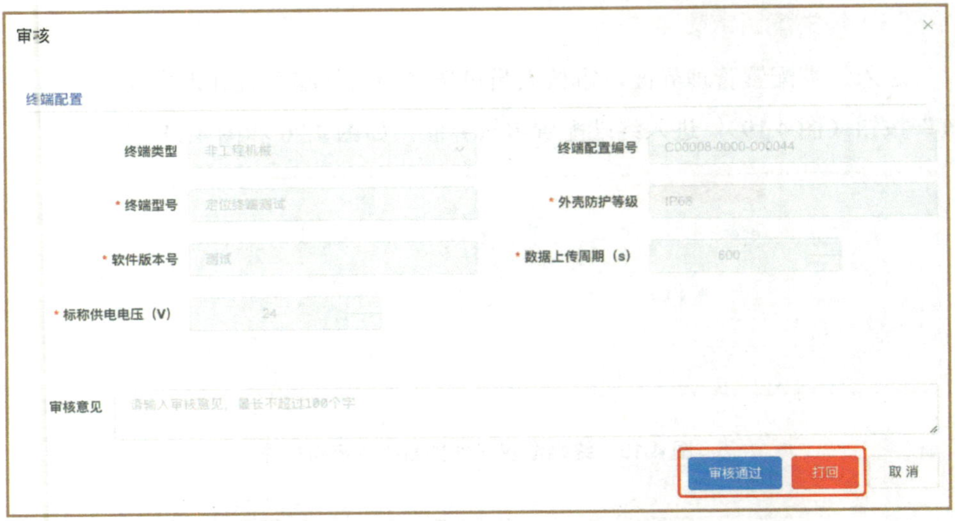

图 4.21　定位终端配置审核界面

在终端配置审核界面，审核人员可确认已提交的终端配置信息。若确认信息无误，可点击“审核通过”，终端配置将处于“待负责人审核”状态；若需要修改，可点击“打回”并填写审核意见，终端配置将处于“被打回”状态。需要注意的是，只有处于“待审核”状态的终端配置信息才可在此审核，其他状态会提示当前状态无法审核。

在终端配置审核界面执行审核或打回操作后，终端管理界面将同步显示终端配置的审核状态（图 4.22 和图 4.23），审核人员可在终端管理界面确认终端状态。

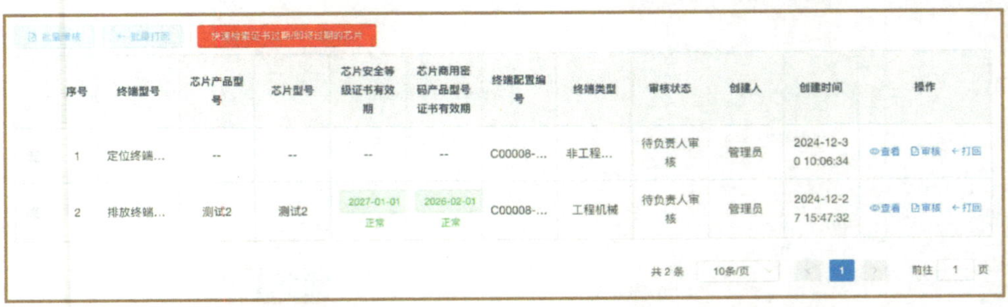

序号	终端型号	芯片产品型号	芯片型号	芯片安全等级证书有效期	芯片商用密码产品型号证书有效期	终端配置编号	终端类型	审核状态	创建人	创建时间	操作
1	定位终端...	--	--	--	--	C00008-...	非工程...	待负责人审核	管理员	2024-12-30 10:06:34	查看 审核 打回
2	排放终端...	测试2	测试2	2027-01-01 正常	2026-02-01 正常	C00008-...	工程机械	待负责人审核	管理员	2024-12-27 15:47:32	查看 审核 打回

图 4.22　审核通过后终端管理界面显示

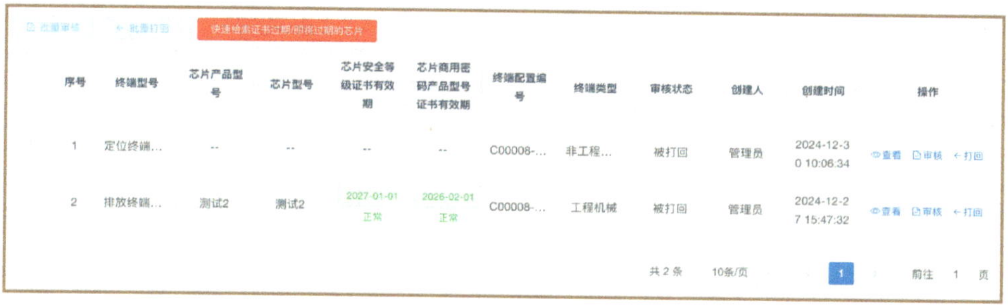

图 4.23　审核打回后终端管理界面显示

（4）终端配置打回

除上一节介绍的打回方式外，审核人员还可在终端管理界面选择需要打回的终端配置并点击操作栏的“打回”按钮（图 4.24），打回对应终端配置。需要注意的是，只有处于“待审核”状态的终端配置信息才可打回，其他状态会提示当前状态不能打回。

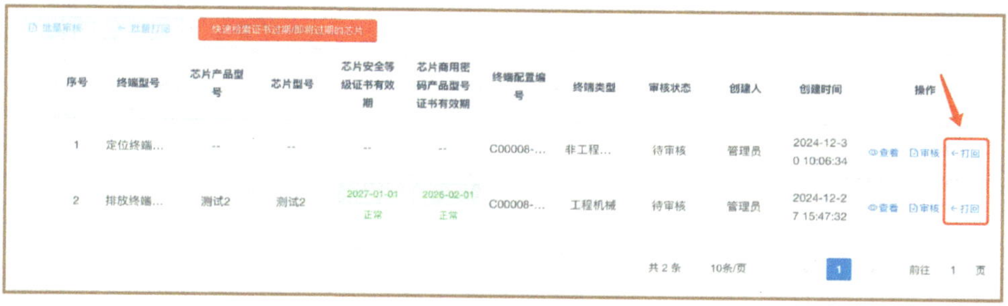

图 4.24　终端管理界面执行打回操作

（5）批量审核/批量打回

审核人员可使用“批量审核”或“批量打回”功能同时处理多个终端配置。进入终端管理界面，在序号列左侧的方框中勾选需要审核或打回的终端配置，并点击终端列表上方的“批量审核”或“批量打回”按钮（图 4.25）。

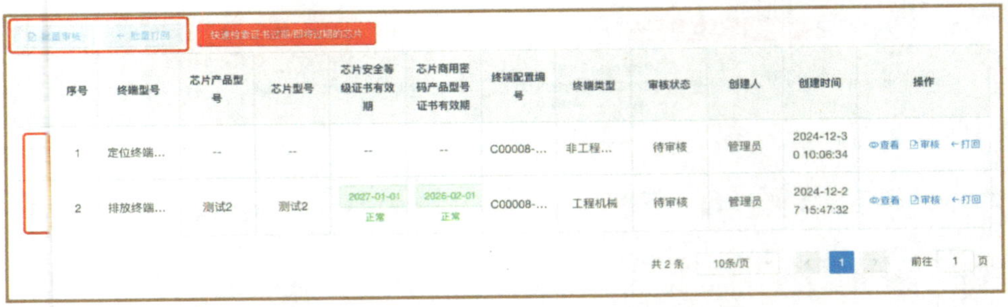

图 4.25 终端管理界面执行批量操作

在系统弹出的确认界面点击“确定”按钮，即可完成终端配置的批量审核或批量打回（图 4.26）。批量审核或批量打回后终端管理界面将同步更新相关终端配置的审核状态，审核人员可在终端管理界面确认终端状态（图 4.27）。

图 4.26 确认界面执行确定操作

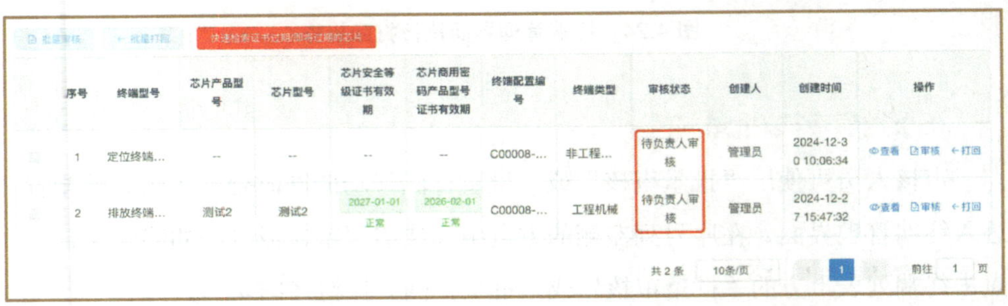

图 4.27 批量审核后终端管理界面显示

4.2.3　终端负责人审核

本小节涉及的所有功能与操作均需要企业管理员授权，管理员账户按照本书第 2 章流程将“终端配置管理”→“终端负责人审核”对备案信息管理系统角色授权后方可使用相关功能。

功能说明：终端配置信息审核人员在备案信息管理系统的“终端配置管理”→“终端负责人审核”界面下，查看并最终审批终端配置信息，功能包括配置查询、查看、审核、打回、批量审核、批量打回等。

（1）终端配置查询

进入终端管理界面，终端负责人可在界面上方的检索栏输入终端型号、终端类型、芯片产品型号、终端配置编号、审核状态、认证证书编号等查询终端配置，系统默认显示所有终端配置信息。

（2）终端配置查看

终端负责人可以在终端管理界面点击操作栏的“查看”按钮（图 4.28），进入终端配置查看界面（图 4.29 和图 4.30）。

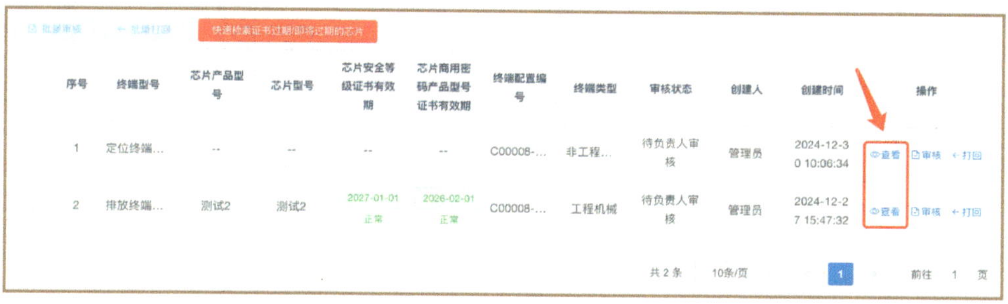

图 4.28　终端配置查看界面入口

在终端配置查看界面，终端负责人可以确认已录入的终端配置信息。对于排放终端，将鼠标置于芯片安全等级证书或芯片商用密码证书的预览图片上，可出现“”和“”图标。点击“”可放大显示证书图片，进一步确认证书信

息；点击“ ”可下载已上传的证书文件。

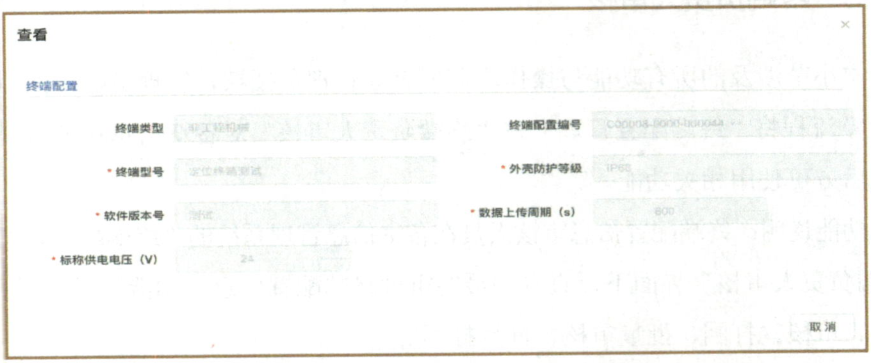

图 4.29　定位终端配置查看界面

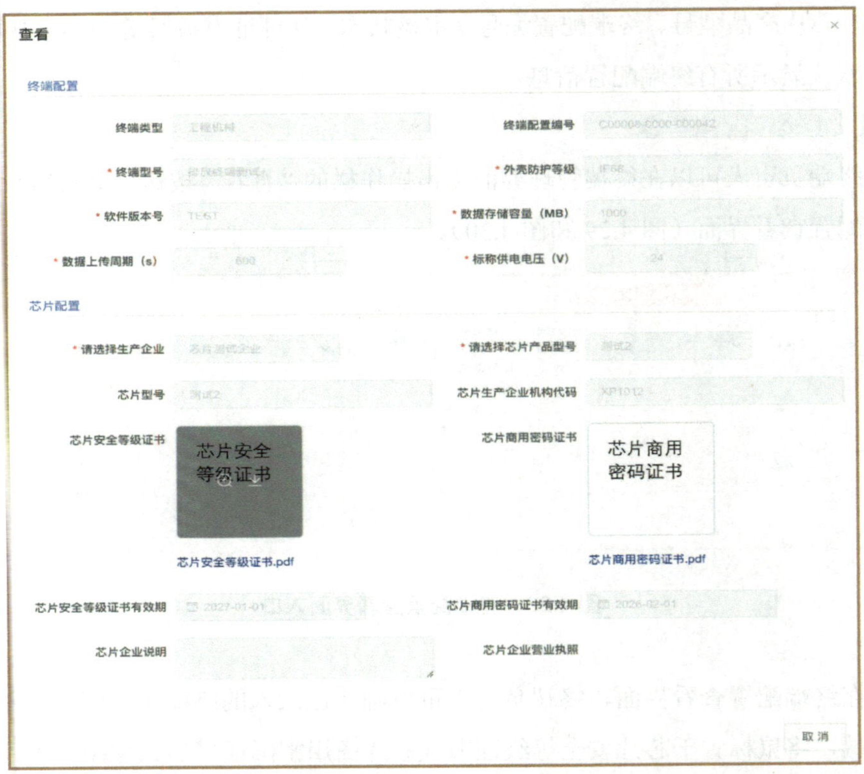

图 4.30　排放终端配置查看界面

（3）终端配置审核

进入终端管理界面，终端负责人可选择相关终端配置并点击操作栏的“审核”按钮（图 4.31），进入终端配置审核界面（图 4.32 和图 4.33）。

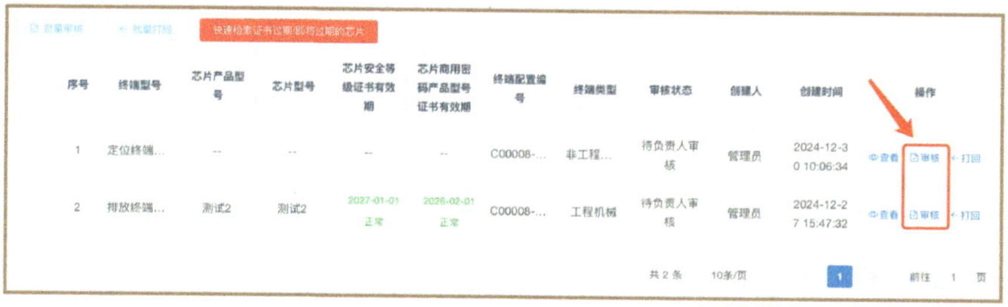

图 4.31　终端管理界面执行审核操作

图 4.32　排放终端配置审核界面

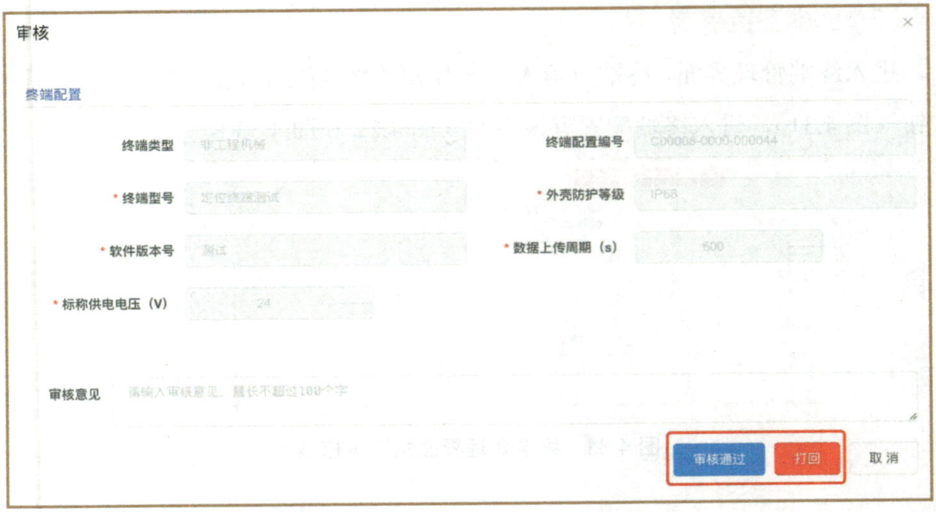

图 4.33　排放终端配置审核界面

在终端审核界面，终端负责人可确认经审核人员通过的终端配置信息。若确认信息无误，可点击“审核通过”按钮，终端配置将处于“审核通过”状态；若需要修改，可点击“打回”按钮并填写审核意见，终端配置将处于“被打回”状态。需要注意的是，只有处于“待负责人审核”状态的终端配置信息才可在此审核，其他状态会提示当前状态无法审核。

在终端配置审核界面执行审核或打回操作后，终端管理界面将同步显示终端配置的审核状态（图 4.34、图 4.35），审核人员可在终端管理界面确认终端状态。

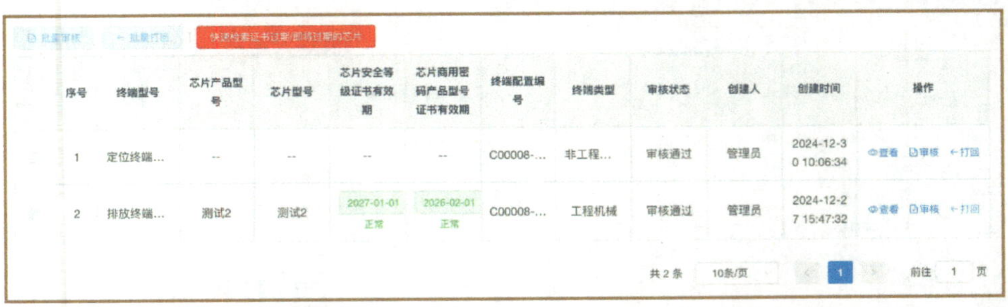

图 4.34　审核通过后终端管理界面显示

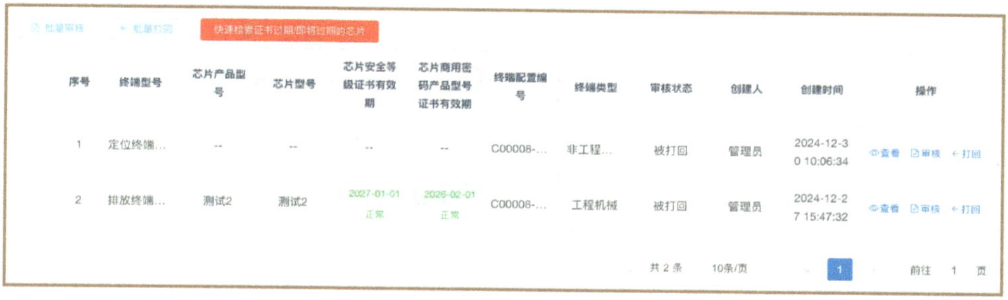

图 4.35　审核打回后终端管理界面显示

（4）终端配置打回

除上一节介绍的打回方式外，终端负责人还可在终端管理界面选择需要打回的终端配置并点击操作栏的“打回”按钮（图 4.36），打回对应终端配置。需要注意的是，只有处于“待负责人审核”状态的终端配置信息才可打回，其他状态会提示当前状态不能打回。

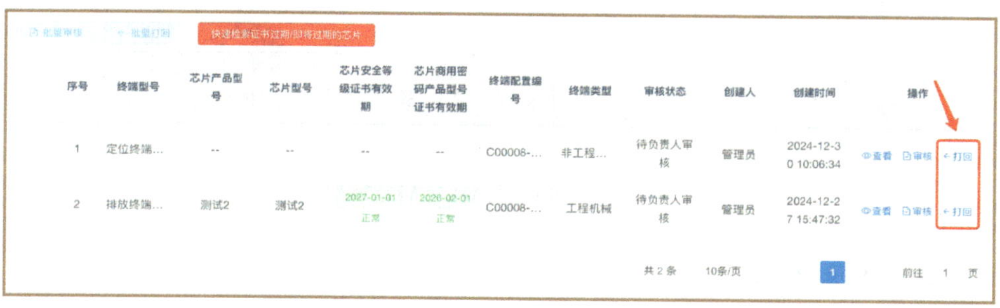

图 4.36　终端管理界面执行打回操作

（5）批量审核/批量打回

终端负责人可使用“批量审核”或“批量打回”功能同时处理多个终端配置。进入终端管理界面，在序号列左侧的方框中勾选需要审核或打回的终端配置，并点击终端列表上方的“批量审核”或“批量打回”按钮（图 4.37）。

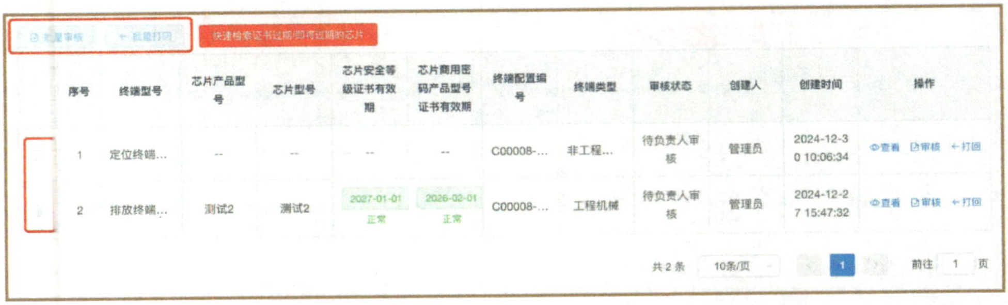

图 4.37　终端管理界面执行批量操作

在系统弹出的确认界面点击“确定”按钮，即可完成终端配置的批量审核或批量打回（图 4.38）。批量审核或批量打回后终端管理界面将同步更新相关终端配置的审核状态，终端负责人可在终端管理界面确认终端状态（图 4.39）。

图 4.38　确认界面执行确定操作

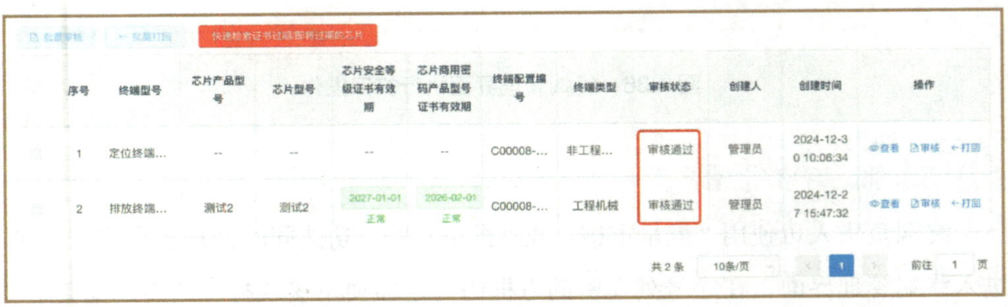

图 4.39　批量审核后终端管理界面显示

4.3　委托检测

本小节涉及的所有功能与操作均需要企业管理员授权，管理员账户按照本书第 2 章流程将“委托检测”对备案信息管理系统角色授权后方可使用相关功能。

功能说明：终端配置经填报人员、审核人员、终端负责人三级审核通过后，终端生产企业可委托具有资质的检测机构开展相关试验。终端生产执行委托检测操作后，受委托机构可查看终端配置参数并开展相关试验。具体委托检测功能如下。

4.3.1　终端配置查询

点击“委托检测”菜单，查看本企业所有处于“审核通过”状态的终端配置（图 4.40）。终端生产企业可根据终端型号、芯片产品型号、终端类型、终端配置编号等检索条件查询终端信息。

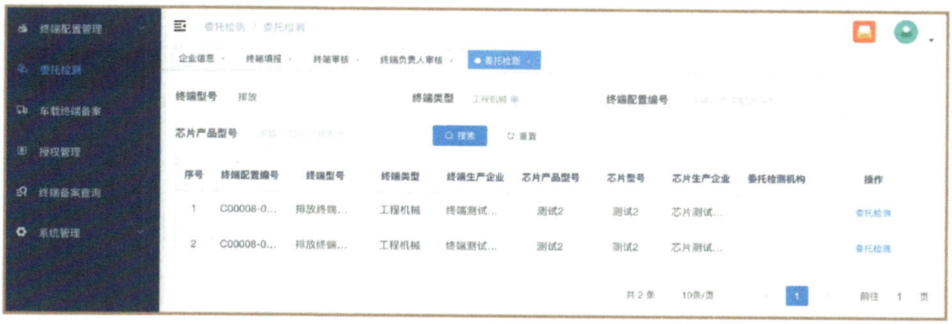

图 4.40　终端配置查询界面

4.3.2　终端委托检测

终端生产企业可在终端配置查询界面点击操作栏的“委托检测”按钮（图 4.41），进入委托管理界面（图 4.42）。

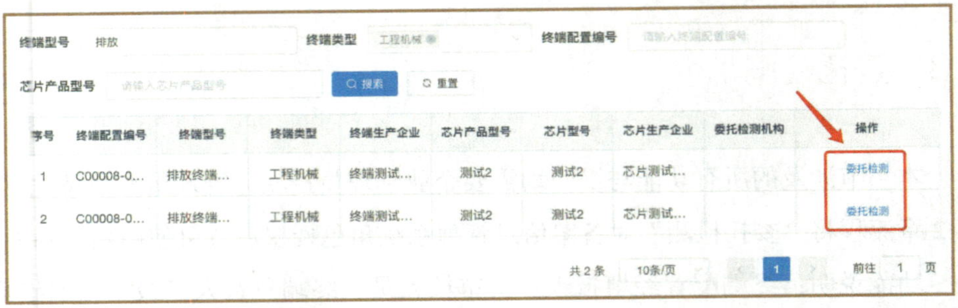

图 4.41　执行委托检测操作

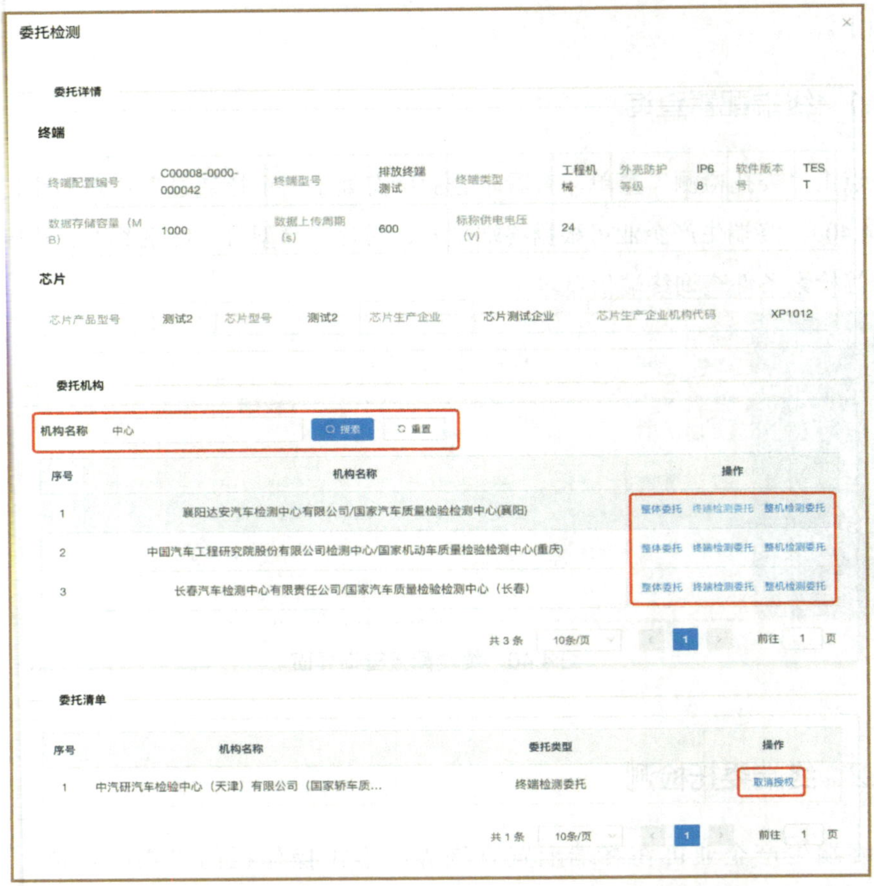

图 4.42　终端委托管理界面

在委托管理界面，终端生产企业可使用“委托机构”列表上方的检索栏，搜索拟授权检验机构的名称。找到拟授权检验机构并点击右侧操作栏中的“整体委托”、“终端检测委托”或“整机检测委托”，完成委托操作。“整体委托”指授权机构进行终端检测和整车检测；“终端检测委托”指仅授权机构进行终端检测；“整机检测委托”指仅授权机构进行整机检测。

在委托管理界面，“委托清单”列表显示内容为该终端配置已经委托的检验机构清单，点击右侧操作列的“取消授权”可以取消检验机构下载终端配置信息的权限。

4.4 车载终端备案

本小节涉及的所有功能与操作均需要企业管理员授权，管理员账户按照本书第 2 章流程将“车载终端备案”对备案信息管理系统角色授权后方可使用相关功能。

功能说明：检测机构完成终端检测并上传报告后，终端企业完成终端备案，备案后终端可授权整车企业使用。

点击“车载终端备案”菜单，进入车载终端备案管理界面（图 4.43）。对于检测机构已完成终端检测并上传报告的终端配置（包括终端报告和整车报告），系统将自动创建终端备案任务并在终端备案列表显示。若企业无法在列表中找到拟备案的终端配置，请联系委托检测机构确认是否完成检测并上传终端报告。

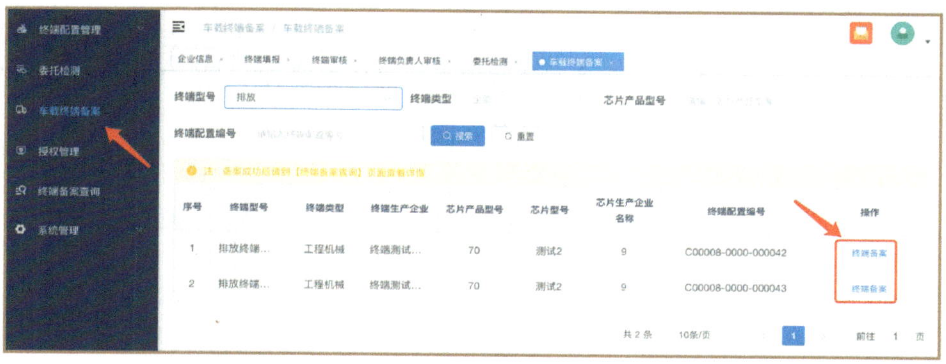

图 4.43 车载终端备案管理界面

点击终端备案列表右侧操作列的“终端备案”按钮，进行车载终端备案的确认（图 4.44）。

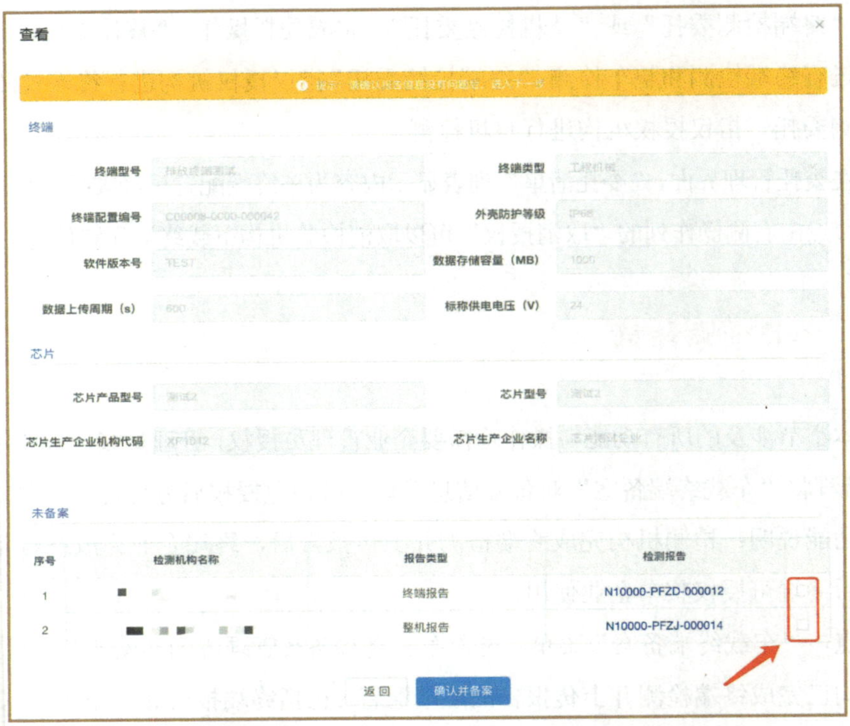

图 4.44　车载终端备案确认界面

在车载终端备案确认界面确认终端配置信息、终端检测报告和整车检测报告，并选择对应的终端检测报告和整车检测报告。确认无误后，点击“确认并备案”按钮，获得终端备案编号并完成终端备案操作（图 4.45）。

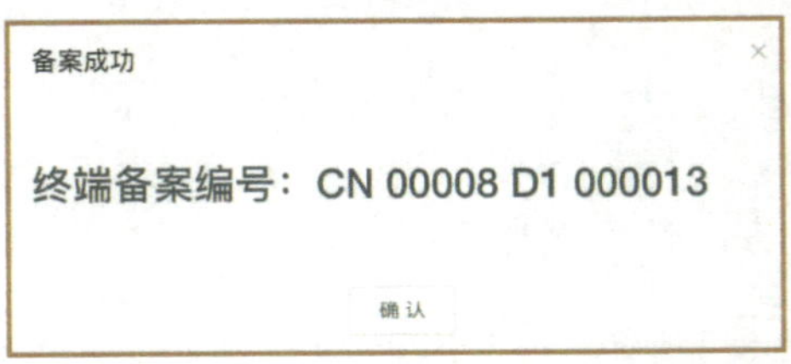

图 4.45　完成车载终端备案界面

4.5　授权管理

本小节涉及的所有功能与操作均需要企业管理员授权，管理员账户按照本书第 2 章流程将“授权管理”对备案信息管理系统角色授权后方可使用相关功能。

功能说明：终端生产企业可以将已完成备案的终端授权给机械生产企业使用。

4.5.1　终端授权

点击“授权管理”进入终端授权管理界面（图 4.46），终端生产企业可以根据拟授权的机械生产企业名称进行检索，或者直接选择列表中的机械生产企业，并点击右侧操作列的“授权管理”进入该企业的授权管理界面（图 4.47）。

图 4.46　终端授权管理界面执行授权管理

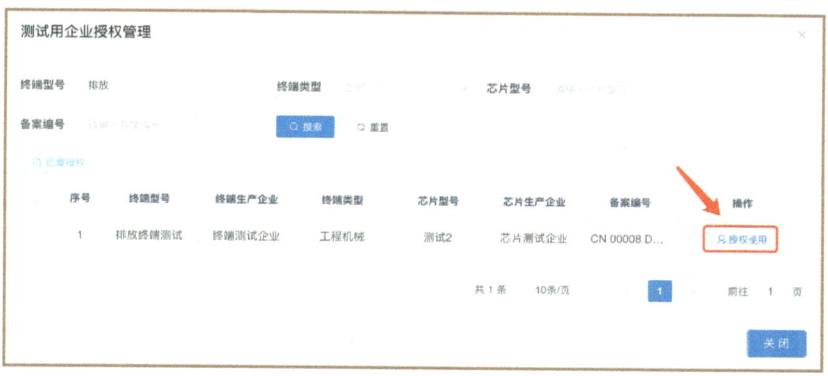

图 4.47　机械生产企业授权管理界面

在机械生产企业授权管理界面，点击拟授权终端右侧操作栏中的“授权使用”按钮，即完成对机械生产企业的授权（图 4.47）。若需要将多个终端同时授权机械生产企业，可在终端列表中勾选全部拟授权的终端型号，并执行“批量授权”操作。

4.5.2 授权清单

在终端授权管理界面，点击对应企业列表右侧操作栏的“授权清单”按钮（图 4.48），进入企业授权清单界面（图 4.49）。通过企业授权清单可以查看对该企业授权的所有终端信息，点击终端右侧操作栏的“取消授权”按钮，可以取消该企业对应终端的授权。

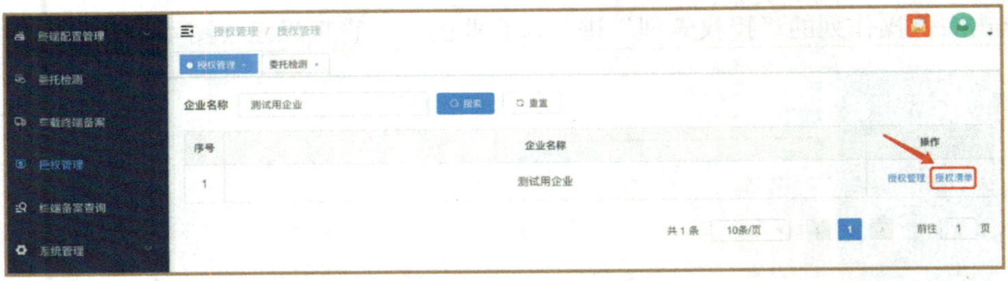

图 4.48 终端授权管理界面执行授权清单操作

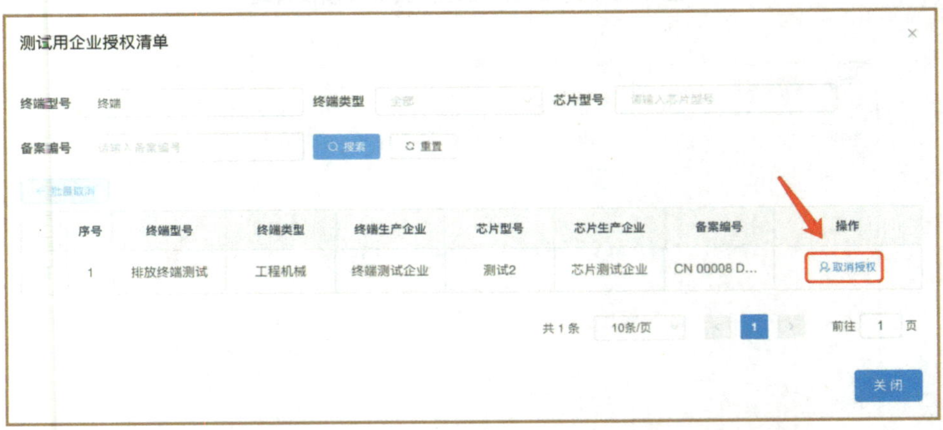

图 4.49 企业授权清单界面

4.6　终端备案查询

本小节涉及的所有功能与操作均需要企业管理员授权，管理员账户按照本书第 2 章流程将“终端备案查询”对备案信息管理系统角色授权后方可使用相关功能。

功能说明：终端生产企业可使用此功能查询本企业已完成备案的终端信息，并确认每个终端配置的备案编号和芯片标识码。

点击“终端备案查询”进入终端备案查询管理界面（图 4.50）。终端生产企业可通过终端型号、终端类型、芯片产品型号和备案编号等检索条件查询已完成备案的终端信息。点击终端列表右侧操作栏的“查看”按钮，可以进入已备案终端的配置查看界面（图 4.51）。

图 4.50　终端备案查询管理界面

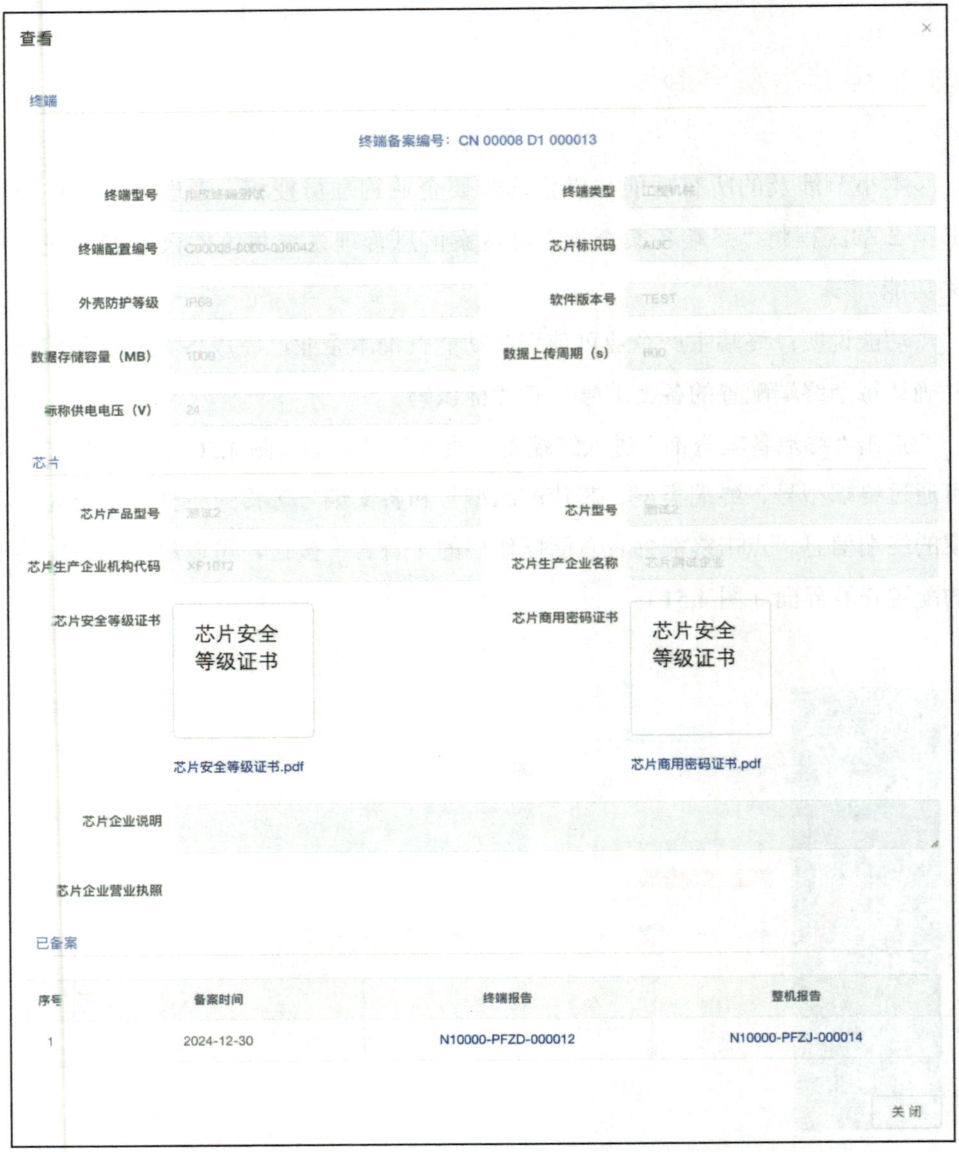

查看

终端

终端备案编号：CN 00008 D1 000013

终端型号	排放终端测试	终端类型	工程机械
终端配置编号	C00008-0000-000042	芯片标识码	AIJC
外壳防护等级	IP68	软件版本号	TEST
数据存储容量（MB）	1000	数据上传周期（s）	600
标称供电电压（V）	24		

芯片

芯片产品型号	测试2	芯片型号	测试2
芯片生产企业机构代码	XP1012	芯片生产企业名称	芯片测试企业
芯片安全等级证书	芯片安全等级证书 芯片安全等级证书.pdf	芯片商用密码证书	芯片安全等级证书 芯片商用密码证书.pdf
芯片企业说明			
芯片企业营业执照			

已备案

序号	备案时间	终端报告	整机报告
1	2024-12-30	N10000-PFZD-000012	N10000-PFZJ-000014

关闭

图 4.51　已备案终端的配置查看界面

第 5 章

检验机构终端试验规程

■ 李腾腾　任烁今

5.1 试验内容

装用额定净功率 37 kW 及 37 kW 以上柴油机的非道路移动机械（工程机械除外），应按照 HJ 1014—2020 的规定，在出厂前加装满足 HJ 1014—2020 第 5 章规定的车载定位终端。机械生产企业应采取必要的技术措施，在机械全寿命期内作业时，应能通过车载定位终端实现对其准确定位，并按照要求进行数据传输。

装用额定净功率 37 kW 及 37 kW 以上柴油机如果装有选择性催化还原（SCR）后处理系统，至少应有 SCR 下游 NO_x 传感器的工程机械，应按照 HJ 1014—2020 的规定，在出厂前加装满足该标准第 5 章规定的车载排放终端。机械生产企业应采取必要的技术措施，在机械全寿命期内作业时，按本标准要求进行数据传输。

HJ 1322—2023 作为对《非道路移动机械第四阶段排放标准》的补充和完善，进一步明确了非道路移动机械远程排放监控系统的架构，以及车载终端数据上传的流程和平台间的通信协议，规范和细化了对国家平台、企业平台的要求和车载终端的功能、性能要求及测试方法。

5.1.1 终端试验内容

车载终端安装于非道路移动机械上，用于采集、存储和传输机械定位信息、排放控制诊断系统信息和发动机排放数据。车载终端分为车载排放终端和车载定位终端两类，均应进行功能和性能验证试验。验证试验的主要内容如表 5.1 所示。

表 5.1　终端验证试验主要内容

试验类别	主要内容	验证试验	
		车载排放终端	车载定位终端
功能验证	开机自检	√	√
	激活	√	√
	数据采集	√	定位信息

试验类别	主要内容	验证试验	
		车载排放终端	车载定位终端
功能验证	数据储存	√	—
	数据补传	√	√
性能验证	适应性	√	√
	防护性	√	√
	耐久性	√	√
	定位性能	√	√
	电磁兼容性能	√	√
数据安全性验证	安全芯片	√	—
	安全策略	√	√

注：“√”表示需要做对应的验证，“—”表示不需要做对应的验证，“定位信息”指只需要采集定位信息。下同。

5.1.2 整机试验内容

每个型号的车载终端，应安装到非道路机械上，进行整机排放远程监控测试，试验内容如表 5.2 所示。

表 5.2 整机验证试验主要内容

试验类别	试验项目	验证试验	
		车载排放终端	车载定位终端
整机排放远程监控	数据传输	√	√
	整机导航定位精度	√	√
	数据一致性	√	—

5.2　终端试验

5.2.1　功能验证

5.2.1.1　试验条件

开展功能验证试验前，应按照以下要求进行试验的准备。

（1）车载终端：应准备 4 套车载终端和相应的线束及配套接插件等。

（2）检测平台：由第三方检测机构建立，对车载终端开展测试并提供测试对象测试记录和结果。

5.2.1.2　试验平台

功能试验的测试平台如下：

排放远程监控测试平台如图 5.1 所示。

图 5.1　排放远程监控测试平台

5.2.1.3 试验流程

企业应在测试前向检测机构提交相关信息，获取检测平台账号密码，并在平台注册被测样品的相关参数。检测机构审核相关信息，车载终端应按检测平台的IP地址与测试端口号进行匹配，匹配成功后按照标准要求进行数据传输。

（1）开机自检

使用电源设备向车载终端输入厂家提供的车载终端标称电压，待车载终端稳定后，通过目视检查车载终端能否按照厂家提供的判定方法通过报警灯相关指示器来显示当前的状态。

（2）激活

①车载排放终端

车载终端与检测平台进行连接并向检测平台上报激活报文，打开检测平台激活测试模块，查看模块中对应显示的车载终端，点击激活测试，查看车载终端上报信息是否包含芯片ID、公钥数据和机械环保代码（MEIN）。若芯片ID和公钥存储在车载终端中，机械环保代码与工具读出一致，则标识该测试项通过。

②车载定位终端

车载终端与检测平台进行连接并向检测平台上报激活报文，打开检测平台激活测试模块，查看模块中对应显示的车载终端，点击激活测试，查看车载终端上报的机械环保代码与工具读出是否一致，若一致则标识该测试项通过。

（3）数据采集

①车载排放终端

查询车载排放终端产品手册，使用企业提供软件，读取车载终端采集存储的数据，检查采集频率是否为1 Hz。车载排放终端向检测平台发送采集的数据，通过检测平台报文解析，验证车载排放终端发送数据是否满足标准要求。

车载终端与检测平台建立连接，并向检测平台发送实时数据。读取车载终端内部存储的采集数据与检测平台上的数据，记录数据时间和日期格式。

检测平台记录车载终端上传的第一条数据时间和标准北京时间，平台自动计

算时间差记为 S_1，终端持续向检测平台传输数据 24 h，24 h 后，再取最后一条数据时间和北京时间计算时间差 S_2，最后进行判定 S_1 和 S_2 的误差是否超过±5 s。

②车载定位终端

查询车载定位终端产品手册，使用企业提供软件，读取车载终端采集存储的数据，检查采集频率是否为 1 Hz。车载终端向检测平台发送采集的北斗卫星信息数据，通过检测平台报文解析，验证车载定位终端发送数据是否满足标准要求。

车载终端与检测平台建立连接，并向检测平台发送实时数据。读取车载终端内部存储的采集数据与检测平台上的数据，记录数据时间和日期格式。

检测平台记录车载终端上传的第一条数据时间和标准北京时间，平台自动计算时间差记为 S_1，终端持续向检测平台传输数据 24 h，24 h 后，再取最后一条数据时间和北京时间计算时间差 S_2，最后进行判定 S_1 和 S_2 的误差是否超过±5 s。

（4）数据储存（车载定位终端无须测试本项）

查询车载终端产品手册，使用企业提供软件，读取车载终端采集存储的数据，检验车载终端的储存频率是否不大于 10 s/次。

车载终端与检测平台正常连接，车载终端无间断运行 7 天以上，检查数据存储容量是否满足 7 天要求，按照生产企业设备说明书读取车载终端内的存储数据，并在车载终端存储容量已满的状态下继续工作，检查车载终端是否自动覆盖数据。

按照生产企业设备说明书读取车载终端内的存储数据，检查终端储存数据是否可查阅。

在车载终端正常工作状态下，将车载终端断电，按照生产企业设备说明书读取车载终端内的存储数据，查看断电前的存储数据是否完整。

（5）数据补传（车载定位终端无须测试本项）

车载终端与检测平台正常连接，在线 2 min 后，车载终端模拟断开通信连接情况，断网 5 min 后，车载终端重新上线，平台判定是否接收到对应时间的补发数据。

5.2.2 性能验证

5.2.2.1 适应性验证

（1）电气适应性试验

①试验条件

试验前需检查车载终端线束连接是否正确、正负极有无短路等情况。

②试验设备

用图 5.2 所示双极性可编程电源，测试被测终端的启动时间、工作电压范围、过电压性能、供电电压缓降和缓升性能、反向电压性能。

图 5.2 双极性可编程电源

③试验流程

a. 启动时间

在车载终端处于完全关闭的状态时，给车载终端上施加标称电压 U_N，同时启动计时工具，记录到检测平台接收到车载终端上传的第一帧报文为止的时间，应不超过 120 s。

b. 工作电压范围

将双极性电源电压调至标称电压 U_N，然后逐渐将电压调至最低供电电压 U_{smin} 稳定 10 min，再逐渐将电压调至最大供电电压 U_{smax} 稳定 10 min，试验中车载终端的功能应正常。

c. 过电压性能

（T_{max}−20℃）下试验：将车载终端放置在温箱中加热到 50℃，待温度稳定后，向车载终端输入电压 18 V/36 V，持续 60 min。车载终端功能应正常。

室温下试验：将车载终端放置在室温条件下，使用双极性电源向车载终端输入电压 24 V，持续 60 s，试验后车载终端功能应正常。

d. 供电电压缓降和缓升性能

按设备操作规程将供电电压缓降缓升程序设置到双极性可编程电源中，启动双极性电源，使车载终端供电电压以−0.5 V/min 的速率从 U_{smax} 降到 0 V，再以 0.5 V/min 的速率从 0 V 升到 U_{smax}。试验后车载终端功能应正常。

e. 反向电压性能

启动双极性电源，向车载终端输入电压 U_N，待车载终端稳定后，编辑双极性电源，向车载终端输入反向电压 14 V/28 V，持续 60 s。再恢复至正常电压 U_N，验证车载终端功能应正常。

（2）环境适应性试验

①试验条件

在主电源供电情况下，车载终端工作温度范围：−30～70℃。

车载终端贮存范围：−40～85℃。

②试验设备

环境适应性试验设备如下：

a. 电动振动试验系统（图 5.3）

b. 气动冲击试验台（图 5.4）

c. 环境试验箱（图 5.5）

图 5.3　电动振动试验系统

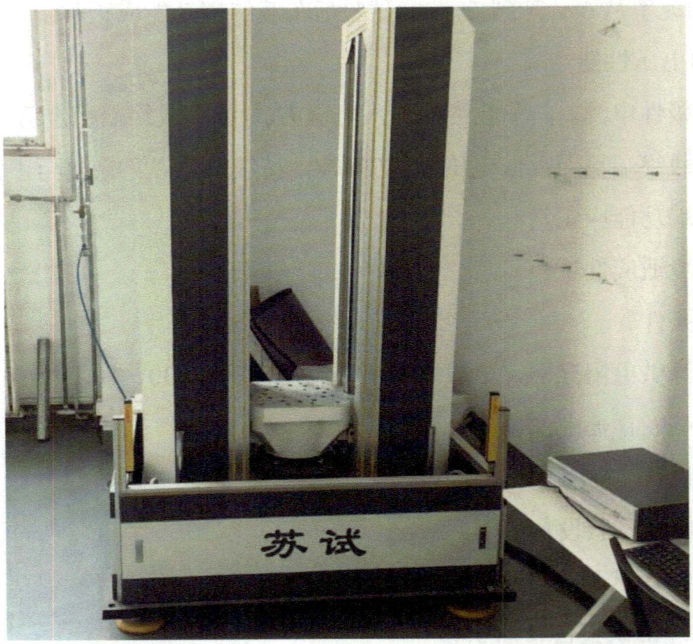

图 5.4　气动冲击试验台

图 5.5 环境试验箱

③试验流程

a. 耐机械振动性能

将车载终端连接线束按照实际装车情况固定在如图 5.3 所示的振动试验系统上，按表 5.3 的条件参数进行随机振动试验，车载终端每个方向试验时间为 32 h。加速度均方根（RMS）值为 57.9 m/s^2。观察车载终端的外观，不应出现损坏，功能应正常。

表 5.3 耐机械振动性能加载温度条件和通电条件

时间/min	温度/℃
0	20
60	−40
150	−40
210	20
300	85
410	85
480	20

注：每个循环在第 210 min 和第 480 min 之间通电。

b. 耐机械冲击性能

将车载终端固定在如图 5.4 所示的冲击试验台上，终端处于通电工作状态，按表 5.4 的条件参数进行机械冲击试验。观察车载终端的外观，不应出现损坏，功能应正常。

表 5.4 耐机械冲击性能条件参数

参数	条件
加速度	500 m/s^2
持续时间	6 ms
脉冲形状	半正弦
每个轴振动次数	10
冲击方向（3 个轴，6 个方向）	+X，−X，+Y，−Y，+Z，−Z

c. 低温性能

低温贮存：将车载终端放置在如图 5.5 所示的环境试验箱中，天线、电源线等线束通过温箱侧壁上的孔中置出，不连接电源或将电源关闭。设置温箱程序，使温箱温度以一定速率降至−40℃，待车载终端温度稳定后，在−40℃条件下，贮存 24 h。试验结束，将温箱温度调节至室温，检验车载终端的功能是否正常。

低温运行：将车载终端放置在环境试验箱中，天线、电源线等线束通过温箱侧壁上的孔中置出，并连接电源，设置工作电压为 U_A，使车载终端处于正常工作状态。设置温箱程序，使温箱温度以一定速率降至−30℃，待车载终端温度稳定后，在−30℃条件下，车载终端正常工作 24 h。检验车载终端试验中及试验后功能是否正常。

d. 高温性能

高温贮存：将车载终端放置在环境试验箱中，天线、电源线等线束通过温箱侧壁上的孔中置出，不连接电源或将电源关闭。设置温箱程序，使温箱温度以一定速率升至 85℃，待车载终端温度稳定后，在 85℃条件下，贮存 48 h。试验结束，将温箱温度调节至室温，检验车载终端的功能是否正常。

高温运行：将车载终端放置在环境试验箱中，天线、电源线等线束通过温箱侧壁上的孔中置出，并连接电源，设置工作电压为 U_A，使车载终端处于正常工作状态。设置温箱程序，使温箱温度以一定速率升至 70℃，待车载终端温度稳定后，在 70℃条件下，车载终端正常工作 96 h。检验车载终端试验中及试验后功能是否正常。

e. 温度梯度性能

将车载终端放置在环境试验箱中，天线、电源线等线束通过温箱侧壁上的孔中置出，并连接电源，设置工作电压为 U_A。在温箱程序设定界面按《道路车辆　电气及电子设备的环境条件和试验　第 4 部分：气候负荷》（GB/T 28046.4—2011）中温度梯度的试验参数设置程序。启动程序，温箱内温度以 5℃温度梯度从 20℃降到−30℃然后以 5℃温度梯度从−30℃升到 70℃。每步都要等到被测样品达到新的温度，浸透时长为 10 min。每到新的温度，给车载终端施加 U_{smin} 和 U_{smax} 的电压，进行功能验证，功能应正常。在调温过程中将车载终端关闭。

f. 湿热循环性能

将车载终端放置在环境试验箱中，天线、电源线等线束通过温箱侧壁上的孔中置出，并连接电源，设置工作电压为 U_A。在温箱程序设定界面按 GB/T 28046.4—2011 中湿热循环的试验参数设置程序，启动程序，运行 6 天。试验过程中监控终端功能应正常。

5.2.2.2　防护性验证

（1）盐雾防护性验证

①试验条件

盐雾试验由盐雾条件、干燥条件、湿热条件和标准大气条件等交变试验条件组成。试验前应保证设备满足以下条件。

盐雾条件：中性盐溶液（pH 为 6.5～7.2），温度保持 35℃ ±2 K。

干燥条件：温度为 60℃±2 K 时，相对湿度应小于 30%。

湿热条件：温度为 40℃±2 K 时，应保持相对湿度（93±3）%；在温度为 50℃±2 K 时，应保持相对湿度超过 95%。

标准大气条件：温度为 23℃±2 K 时，应保持相对湿度（50±5）%。

②试验设备

盐雾试验方法包含多个试验条件，可使用 2 台或多台试验箱来实现，单台试验箱（图 5.6）可自动从一个条件转换到下一个条件。

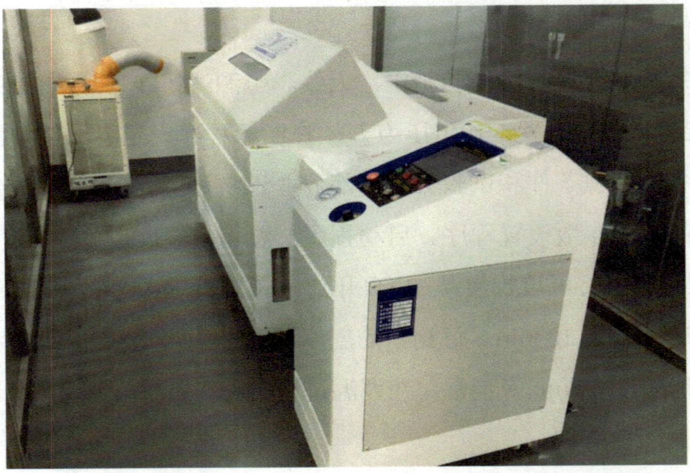

图 5.6　综合盐水试验箱

③试验流程

将车载终端所有端子连接线束，不连接电源，面朝上平放入如图 5.6 所示的综合盐水试验箱中。在综合盐水试验箱的控制面板上按以下条件设置程序。

a. 在 35℃±2 K 条件下用盐溶液喷洒试验样品 2 h，然后在 40℃±2 K、相对湿度（93±3）%的湿热条件下贮存 22 h。重复 4 次。

b. 试验样品在 23℃±2 K 和相对湿度（50±5）%的标准大气下贮存 3 天。

对于安装在驾驶舱内的车载终端应按步骤 a、b 进行 2 个试验循环，对于安装在驾驶舱外的车载终端应按步骤 a、b 进行 4 个试验循环。试验后，观察车载终端，车载终端密封性应不变，标志和标签应清晰可见，验证车载终端的功能（应正常）。

（2）外壳防护性验证

①试验条件

试验时推荐的环境条件如下：

温度范围为 15～35℃；

相对湿度为 25%～75%；

大气压力为 86～106 kPa。

②试验设备

对于安装在驾驶舱内的车载终端应至少满足《外壳防护等级（IP 代码）》（GB/T 4208—2017）中规定的 IP53 的防护等级，对于安装在驾驶舱外的车载终端应至少满足 GB/T 4208—2017 中规定的 IP65 的防护等级。

外壳防护性的测试设备如下：

a. 防尘试验箱（图 5.7）

b. 防水试验箱（图 5.8）

图 5.7 防尘试验箱

图 5.8 防水试验箱

③试验步骤

a. 防尘试验

Ⅰ. 第一位特征数字为 5 的防尘试验

将车载终端放置在防尘试验箱中，天线、电源线等线束通过温箱侧壁上的孔中置出，并连接电源。在防尘试验箱控制面板中，按以下条件进行程序设置。

——空气/粉尘混合运动 6 s；

——停顿 15 min；

——如无其他规定，应进行 20 个循环。

试验结束后，观察车载终端灰尘进入情况。车载终端灰尘进入不足以影响设备的正常操作或安全，即认为试验合格。

Ⅱ. 第一位特征数字为 6 的防尘试验

将车载终端放置在防尘试验箱中，天线、电源线等线束通过防尘箱侧壁上的孔中置出，并连接电源。车载终端内部压力用真空泵保持低于大气压。抽气孔应连到专为试验设置的孔上。在防尘试验箱控制面板中，按以下条件进行程序设置。

——空气/粉尘混合运动 6 s；

——停顿 15 min；

——如无其他规定，应进行 20 个循环。

试验结束后，观察车载终端灰尘进入情况。试验后壳内无明显的灰尘沉积，即认为试验合格。

b. 防水试验

将车载终端放置在防水试验箱中，天线、电源线等线束通过防水箱侧壁上的孔中置出，并连接电源。按照企业提供的车载终端防水等级选择相应的试验方法。试验方法和主要试验条件见表 5.5。

表 5.5　防水试验方法和主要试验条件

防护等级	试验设备/试验条件	水流速	持续时间
0	不需要试验	—	—
1	使用滴水箱，样品置于转台上，转速 1 r/min，偏心距（转台轴线与试样轴线的距离）约为 100 mm	1～1.5 mm/min	10 min
2	使用滴水箱，样品在 4 个固定的位置上倾斜 15°	3～3.5 mm/min	每一个倾斜位置 2.5 min
3	使用摆管装置，摆管中心点 60°的弧段内布有孔径 0.4 mm 的喷水嘴。喷水时摆管以垂直面为参考，约 60°/s 的速度在±60°范围内摆动；外壳与摆管的最大距离为 200 mm	每孔（0.07±0.003 5）L/min	5 min+外壳沿水平方向旋转 90°再做 5 min
4	同 3，角度为与垂直方向±180°范围淋水	同 3	10 min
5	使用直径 6.3 mm 的高速喷嘴，距离为 2.5～3 m	（12.5±0.625）L/min	1 min/m^2 至少 3 min
6	使用直径 12.5 mm 的高速喷嘴，距离为 2.5～3 m	（100±5）L/min	1 min/m^2 至少 3 min
7	使用浸水箱，浸水深度：试样底部应低于水面至少 1 m；顶部应低于水面至少 0.15 m	—	30 min

防护等级	试验设备/试验条件	水流速	持续时间
8	使用潜水箱 水位由用户规定	—	根据协议
9	扇形喷嘴，水温（80±5）℃，在转台上对小型外壳进行试验，转速（5±1）r/min，分别在0°、30°、60°、90°方向喷水，距离100～150 mm或对大型外壳进行试验，距离（175±25）mm	14～16 L/min	每个位置30 s 1 min/m^2至少3 min

试验过程中监控车载终端功能，功能应正常。试验结束，观察车载终端浸水情况，应不影响车载终端的正常工作。

5.2.2.3 耐久性

①试验条件

使用寿命采用温度交变耐久寿命试验温度曲线，温度范围为-30～70℃。

②试验设备

温度交变耐久寿命试验温度曲线规定温度变化率为4℃/min，应使用快速温变试验箱，如图5.9所示。

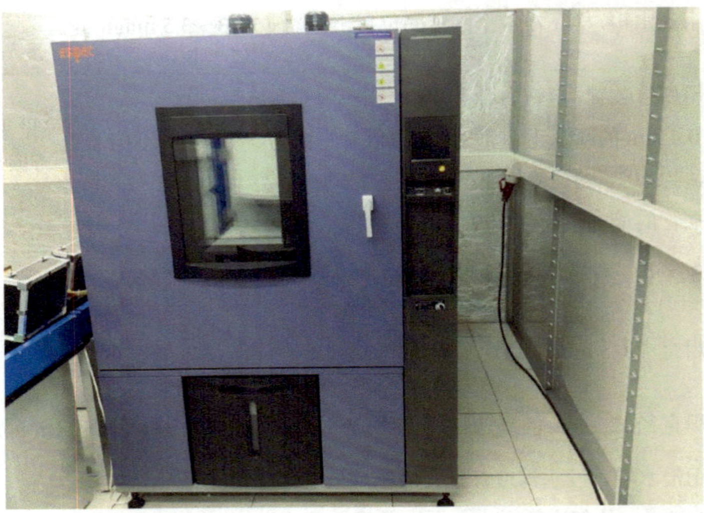

图 5.9 快速温变试验箱

③试验流程

将车载终端放置在快速温变试验箱中，天线、电源线等线束通过温箱侧壁上的孔中置出，并连接电源。在温箱程序设定界面按图 5.10 所示试验曲线进行程序设置。

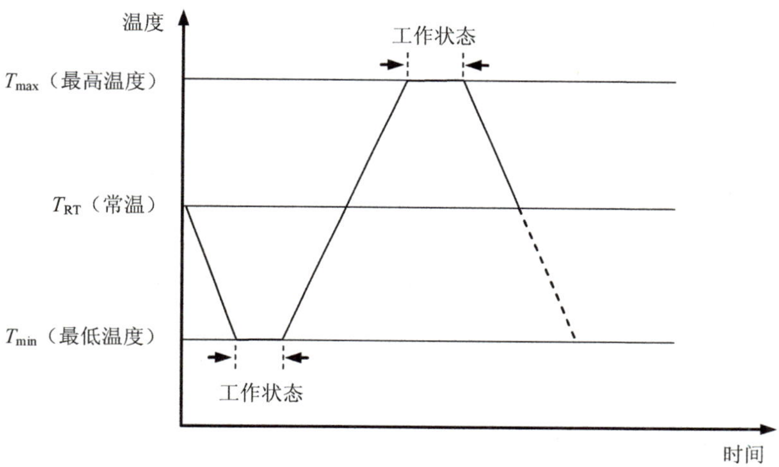

图 5.10　温度交变耐久寿命试验温度曲线

启动快速温变试验箱，试验时，在最高和最低试验温度时试验品工作模式应为工作状态，其余时间车载终端工作模式可以为工作状态或通电待机状态。共进行 252 次试验循环。试验中，监控车载终端功能，功能应正常。试验循环次数及时间计算采用《电动汽车远程服务与管理系统技术规范　第 2 部分：车载终端》（GB/T 32960.2—2016）附录 A 温度交变耐久寿命试验方法（科菲-曼森模型）。

示例

对于 T_{min}=−30℃和 T_{max}=70℃、场地使用寿命为 7 年、场地平均温差为 ΔT_{Feld}=30℃的试验品来说，按以下方式计算试验循环次数（N_{Pruf}）。

a. 场地温度循环次数

$N_{TempZyklenFeld}$（场地温度循环次数）=2 次/天×365 天/年×7 年=5 110 次

b. 在一次试验循环期间的温差

ΔT_{Test}=70℃−（−30℃）=100℃

c. 计算 Coffin-Manson 模型的加速度系数 A_{CM}

A_{CM}=（$\Delta T_{Test}/\Delta T_{Feld}$）^{c}=20.28

d. 计算试验循环次数（N_{Pruf}）

$N_{Pruf}=N_{TempZyklenFeld}/A_{CM}$=252 次

e. 保持时间为温度渗透试验品的时间再加 10 min。假定温度在 10 min 后渗透试验品，则保持时间为 20 min。

f. 温度梯度：4℃/min

g. 上升及下降各需要时间：100℃/（4℃/min）=25 min

h. 一次循环的时间 t 为：2×（25 min+20 min）=90 min

i. 试验总时间约为 378 h。

注：场地温度循环次数是指产品在使用寿命期间温度变化的次数。如产品要求的生命周期是 7 年，一天内可能经历的大的温度变化平均为 2 次（温度上升后一段时间又降下来）。那么场地温度循环次数为 7（试验品使用寿命年限，年）×365（天/年）×2（次/天）=5 110 次。

如无其他参考数据，本标准推荐的场地平均温度变化为 30℃，场地使用寿命期间的温度循环次数最少为 5 110 次 7（试验品使用寿命年限，年）×365（天/年）×2（次/天）。

5.2.2.4 定位性能

试验采用图 5.11 所示全球导航卫星系统（Global Navigation Satellite System，GNSS）模拟器。为了测试性能的稳定性，采用传导测试（GNSS 模拟器与测试样件有线连接，如图 5.12 所示）。

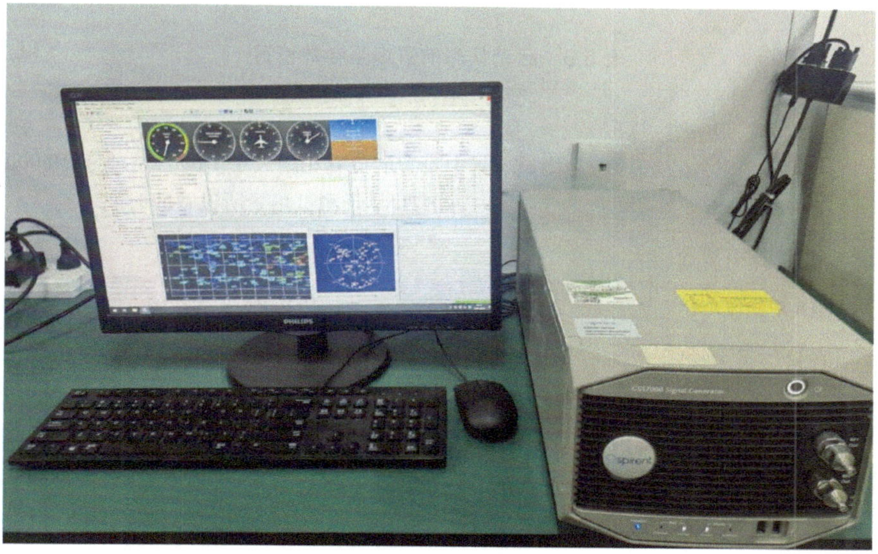

图 5.11　卫星模拟器

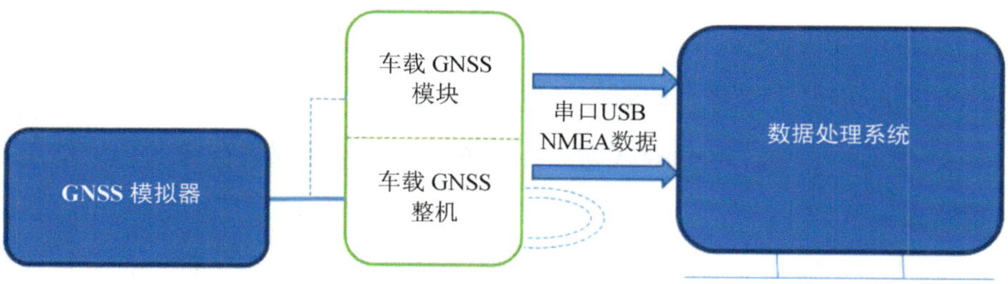

图 5.12　传导测试示意图

（1）冷启动首次定位时间

①前置场景

按照表 5.6 测试场景参数进行设置，车载终端输出信号并进行定位后断电。

表 5.6　启动状态前置场景参数设置

参数	配置
位置	与测试场景中设置的位置相距大于 1 000 km 小于 10 000 km，时间早于测试场景所设置的时间
仿真可见卫星数	≥12 颗
HDOP、PDOP	PDOP≤4
场景仿真时长	根据车载终端是否输出定位信息，最长 1 h
载具类型	静止
信号输出功率	−130 dBm
卫星功率是否一样	是

②测试场景

a. 按照表 5.7 静态测试场景参数进行设置；

b. 运行前置场景开始测试，样品上电，至样品获得稳定的定位信息；

c. 切断模拟卫星信号，切断样品电源；

d. 样品重新上电，运行测试场景开始测试，至样品获得稳定的定位信息，测试场景结束；

e. 连续记录输出的定位数据，找出首次连续10次输出三维定位误差不超过100 m 的定位数据的时刻，计算从开机到上述10个输出时刻中第1个时刻的时间间隔为冷启动首次定位时间，应不超过120 s。

表 5.7　静态试验场景关键参数

参数	配置
位置	中国领土范围内的陆地位置
星座与信号	无特殊要求

参数	配置
仿真可见卫星数	≥12 颗
HDOP、PDOP	PDOP≤4
场景仿真时长	1 h
轨迹	静态
信号输出功率	−130 dBm
卫星功率是否相同	是

（2）热启动首次定位时间

a. 按照表 5.7 静态测试场景参数进行设置；

b. 样品上电，运行测试场景开始测试，至样品获得稳定定位信息；

c. 对样品进行关闭或休眠操作，60 s 后打开或唤醒车载终端；

d. 至样品获得稳定定位信息，测试场景结束；

e. 连续记录输出的定位数据，找出首次连续 10 次输出三维定位误差不超过 100 m 的定位数据的时刻，计算从重新开机到上述 10 个输出时刻中第 1 个时刻的时间间隔为热启动首次定位时间，应不超过 10 s。

（3）位置更新率

车载终端以文件形式输出定位结果，查看时间间隔为 t，检验位置更新频率是否为 $1/t$。

5.2.2.5　电磁兼容性能

①试验设备

电磁兼容性能设备如下：

a. 电磁发射测试系统（图 5.13）

b. 电磁抗扰测试系统（图 5.14）

c. 瞬态波形发生器（图 5.15）

d. 静电发生器（图 5.16）

图 5.13　电磁发射测试系统

图 5.14　电磁抗扰测试系统

图 5.15　瞬态波形发生器

图 5.16　静电发生器

②试验流程

a. 沿电源线的电瞬态传导抗扰度

试验前检查试验室环境，温度需符合标准要求。将样品依据《道路车辆　电气/电子部件对传导和耦合引起的电骚扰试验方法　第 2 部分：沿电源线的电瞬态传导发射和抗扰性》（GB/T 21437.2—2021）要求的布置方法布置在屏蔽室内的测试台架上，保证样品处于正常工作状态，需通过样品外部指示器或与上位机通信应答实时监控样品工作状态。

试验中使用瞬态波形发生器，对样品施加波形 1、波形 2a、波形 3a、波形 3b，波形参数见表 5.8。

表 5.8　沿电源线的电瞬态传导抗扰度波形参数

<table>
<tr><th>波形</th><th>参数</th><th>缩写</th><th>数值</th><th>脉冲形式</th></tr>
<tr><td rowspan="7">波形 1</td><td>峰值幅度</td><td>U_s</td><td>−75 V</td><td rowspan="7">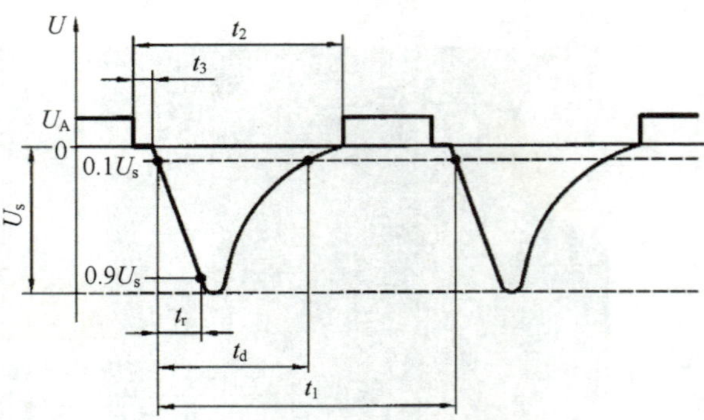

注：脉冲发生器的源内阻 10Ω</td></tr>
<tr><td>脉冲宽度</td><td>t_d</td><td>2 ms</td></tr>
<tr><td>脉冲上升时间</td><td>t_r</td><td>1 μs</td></tr>
<tr><td>脉冲重复时间</td><td>t_1</td><td>0.5 s</td></tr>
<tr><td></td><td>t_2</td><td>200 ms</td></tr>
<tr><td>断开电源与施加脉冲之间所需的最短时间</td><td>t_3</td><td>90 μs</td></tr>
<tr><td>试验脉冲</td><td>—</td><td>5 000 个</td></tr>
</table>

波形	参数	缩写	数值	脉冲形式
波形 2a	峰值幅度	U_s	+37 V	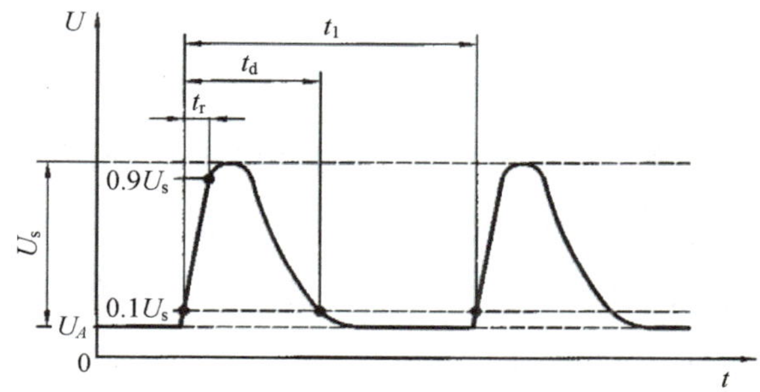
	脉冲宽度	t_d	0.05 ms	
	脉冲上升时间	t_r	1 μs	
	脉冲重复时间	t_1	0.2 s	
	试验脉冲	—	5 000 个	注：脉冲发生器的源内阻 2Ω
波形 3a	峰值幅度	U_s	−112 V	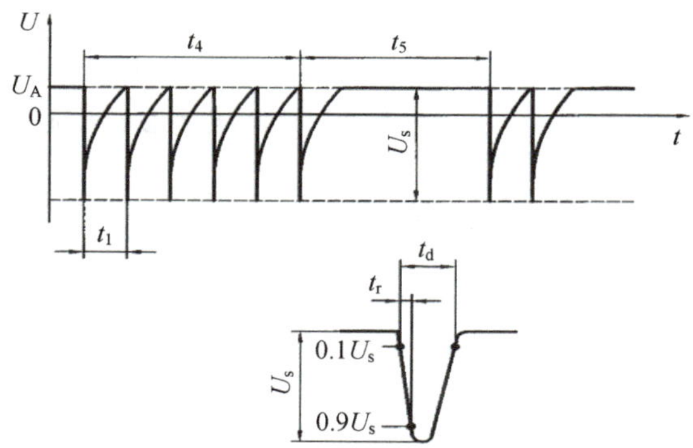
	脉冲宽度	t_d	0.1 μs	
	脉冲上升时间	t_r	5 ns	
	脉冲重复时间	t_1	100 μs	
	猝发宽度	t_4	10 ms	
	猝发间隔时间	t_5	90 ms	
	试验时间	—	1 h	
波形 3b	峰值幅度	U_s	+75 V	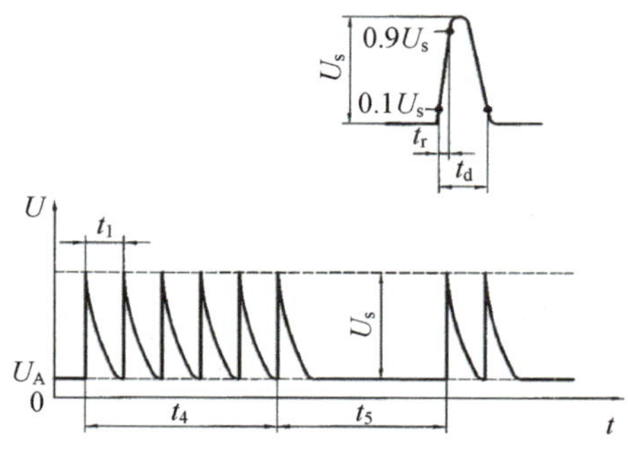
	脉冲宽度	t_d	0.1 μs	
	脉冲上升时间	t_r	5 ns	
	脉冲重复时间	t_1	100 μs	
	猝发宽度	t_4	10 ms	
	猝发间隔时间	t_5	90 ms	
	试验时间	—	1 h	注：脉冲发生器的源内阻 50Ω

测试期间需实时监控样品工作状态，并将测试中和测试后样品工作状态的表现及变化详细记录在原始记录中。

b. 耦合电瞬态发射抗扰度

试验前检查试验室环境，温度需符合标准要求。将样品依据《道路车辆 电气/电子部件对传导和耦合引起的电骚扰试验方法 第 3 部分：对耦合到非电源线电瞬态的抗扰性》（GB/T 21437.3—2021）要求的布置方法布置在屏蔽室内的测试台架上，保证样品处于正常工作状态，需通过样品外部指示器或与上位机通信应答实时监控样品工作状态。

试验中使用瞬态波形发生器，采用 CCC 法和 ICC 法对样品施加快速波形 a、快速波形 b、慢速波形+、慢速波形−，波形参数如表 5.9 所示。

表 5.9 耦合电瞬态发射抗扰度波形参数

<table>
<tr><th>波形</th><th>参数</th><th>缩写</th><th>数值</th><th>脉冲形式</th></tr>
<tr><td rowspan="7">快速波形 a</td><td>峰值幅度</td><td>U_s</td><td>−40 V</td><td rowspan="7">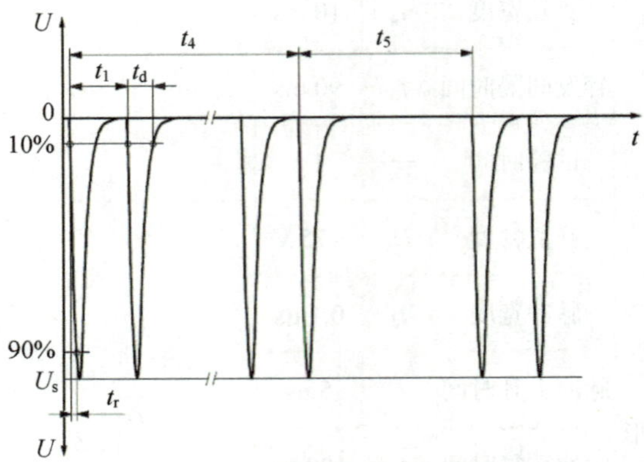

注：脉冲发生器的源内阻 50 Ω</td></tr>
<tr><td>脉冲宽度</td><td>t_d</td><td>0.1 μs</td></tr>
<tr><td>脉冲上升时间</td><td>t_r</td><td>5 ns</td></tr>
<tr><td>脉冲重复时间</td><td>t_1</td><td>100 μs</td></tr>
<tr><td>猝发宽度</td><td>t_4</td><td>10 ms</td></tr>
<tr><td>猝发间隔时间</td><td>t_5</td><td>90 ms</td></tr>
<tr><td>试验时间</td><td>—</td><td>10 min</td></tr>
</table>

波形	参数	缩写	数值	脉冲形式
快速波形 b	峰值幅度	U_s	+30 V	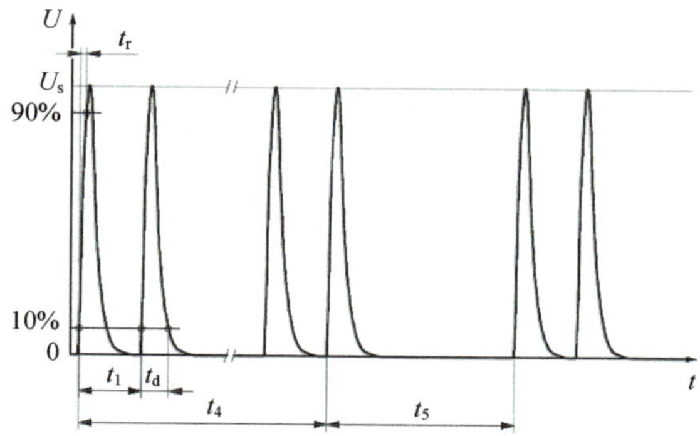
	脉冲宽度	t_d	0.1 μs	
	脉冲上升时间	t_r	5 ns	
	脉冲重复时间	t_1	100 μs	
	猝发宽度	t_4	10 ms	
	猝发间隔时间	t_5	90 ms	
	试验时间	—	10 min	注：脉冲发生器的源内阻 50 Ω
慢速波形 +	峰值幅度	U_s	+5 V	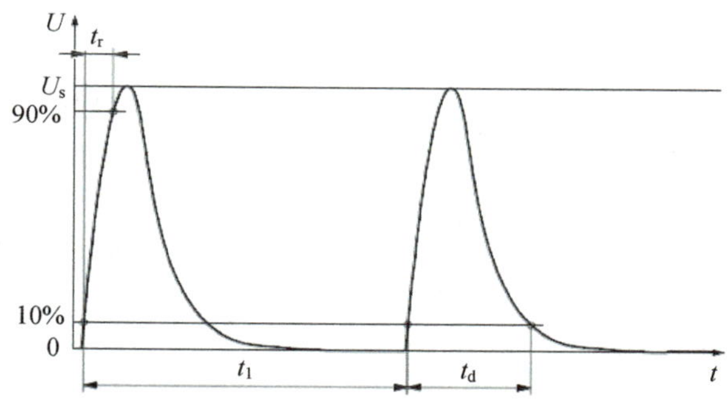
	脉冲上升时间	t_r	1 μs	
	脉冲宽度	t_d	0.05 ms	
	脉冲重复时间	t_1	0.5 s	
	试验时间	—	5 min	注：脉冲发生器的源内阻 2 Ω
速波形−	峰值幅度	U_s	−5 V	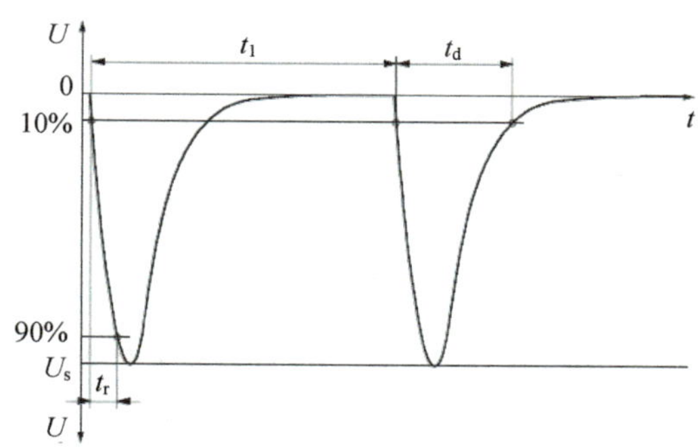
	脉冲上升时间	t_r	1 μs	
	脉冲宽度	t_d	0.05 ms	
	脉冲重复时间	t_1	0.5 s	
	试验时间	—	5 min	注：脉冲发生器的源内阻 2 Ω

测试期间需实时监控样品工作状态，并将测试中和测试后样品工作状态的表现及变化详细记录在原始记录中。

c. 辐射抗扰度

试验前检查试验室环境。将样品依据《机动车电子电器组件的电磁辐射抗性限值和测量方法》（GB/T 17619—1998）要求的布置方法布置在电波暗室内的测试台架上，保证样品处于正常工作状态，需通过样品外部指示器或与上位机通信应答实时监控样品工作状态。

试验中使用电磁抗扰测试系统，采用大电流注入法和自由场法对样品施加频率干扰，试验参数参考表 5.10。

表 5.10 辐射抗扰度试验参数

<table>
<tr><th>试验频率/MHz</th><th>测试方法</th><th>试验电压</th><th>抗扰性电平</th><th>试验信号特性</th><th>线性步长</th><th>驻留时间</th></tr>
<tr><td>20～200</td><td rowspan="2">大电流注入法</td><td rowspan="4">13.5 V</td><td rowspan="2">48 mA</td><td rowspan="4">AM（1 kHz 正弦波调制，80%调制深度）</td><td>5 MHz</td><td rowspan="4">2 s</td></tr>
<tr><td>200～400</td><td rowspan="2">10 MHz</td></tr>
<tr><td>400～800</td><td rowspan="2">自由场法（垂直极化）</td><td rowspan="2">24 V/m</td></tr>
<tr><td>800～1 000</td><td>20 MHz</td></tr>
</table>

测试期间需实时监控样品工作状态，并将测试中和测试后样品工作状态的表现及变化详细记录在原始记录中。

d. 静电放电抗扰度

试验前检查试验室环境，温湿度需符合标准要求。将样品依据《道路车辆 电气/电子部件对静电放电抗扰性的试验方法》（GB/T 19951—2019）要求的布置方法布置在屏蔽室内的测试台架上，保证样品处于不上电模式。

试验中使用静电发生器，对样品施加直接接触放电和空气放电，静电参数参考表 5.11。

表 5.11 静电放电抗扰度试验参数

放电类型	试验等级	储能电容	放电电阻	放电次数	放电间隔
直接接触放电	±6 kV	150 pF	2 000 Ω	正负极各 5 次	5 s
空气放电	±15 kV	150 pF	2 000 Ω	正负极各 5 次	5 s

注：样品为不通电状态下进行测试。

不上电模式需在测试结束后检查样品工作状态，并将其表现及变化详细记录在原始记录中。

e. 辐射发射和传导发射性能

试验前检查试验室环境。将样品依据《车辆、船和内燃机 无线电骚扰特性 用于保护车载接收机的限值和测量方法》（GB/T 18655—2025）要求的布置方法布置在电波暗室内的测试台架上，保证样品处于正常工作状态，需通过样品外部指示器或与上位机通信应答实时监控样品工作状态。

试验中使用电磁发射测试系统，传导发射使用电压法进行测试，辐射发射使用电波暗室法进行测试。测试参数参考表 5.12。

表 5.12 辐射发射和传导发射试验参数

频率或波段	检波器	仪器带宽	线性步长	测量时间
0.15～30 MHz	峰值检波器、平均值检波器	9 kHz	5 kHz	50 ms
30～2 500 MHz	峰值检波器、平均值检波器	120 kHz	50 kHz	5 ms
GPS 波段	平均值检波器	9 kHz	5 kHz	5 ms

限值等级为 GB/T 18655—2025 标准中等级 3 要求。样品需在正常工作状态下依照标准要求在全频段进行发射值扫描，检查样品发射值是否符合标准限值要求，并将测试数据保存，测试结果详细记录在原始记录中。

5.2.3 数据安全性验证

5.2.3.1 试验条件

数据安全性验证应按以下条件进行试验前准备。

（1）被测车载终端应带 SIM 卡座。

（2）被测车载终端可以修改 IP 地址和端口连接到检测平台。

（3）被测车载终端在入侵检测完成后，应能提供本地日志。

日志要求如下：

①文件类型为 txt 文本；

②文本中应将安全事件逐行列出。

（4）被测车载终端的加密芯片与主 MCU 的通信管脚需引出测试点或者飞线。

（5）车载终端签名交互方式为串口交互，并实现与检测机构上位机软件交互的通信协议，接收明文输入之后返回签名的公钥 Gx、Gy，用户 ID 以及签名数据 *R* 值和 *S* 值。

（6）实验室应建立数据保护程序，设置有开机密码，以防止非授权人员的访问。

5.2.3.2 试验设备

（1）直流电源（图 5.17）

（2）示波器（图 5.18）

（3）宽带无线综测仪（图 5.19）

（4）屏蔽箱（图 5.20）

（5）USB-CANFD 总线测试工具（图 5.21）

（6）侧信道信号分析设备（图 5.22）

（7）电磁注入测试平台工具（图 5.23）

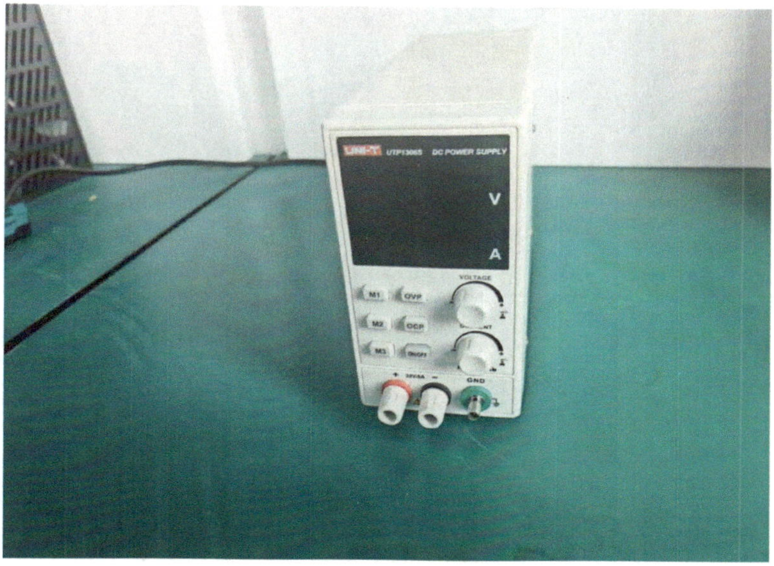

图 5.17　直流电源

图 5.18　示波器

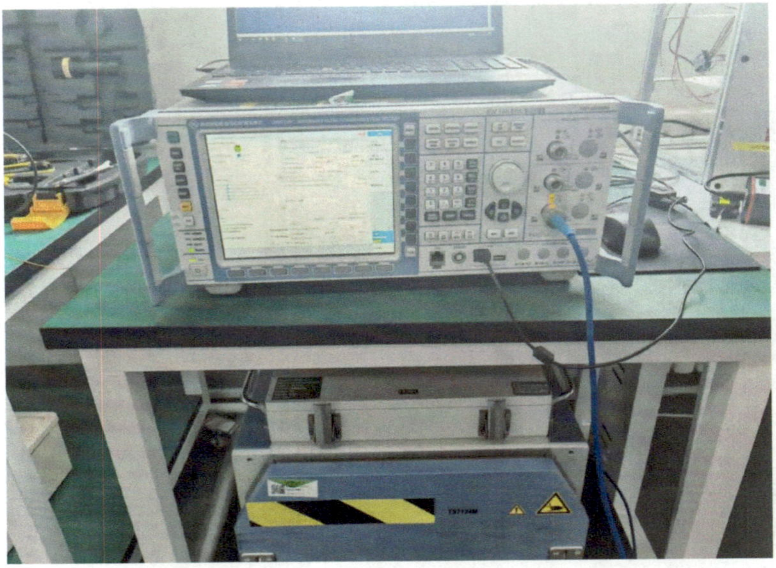

图 5.19　宽带无线综测仪

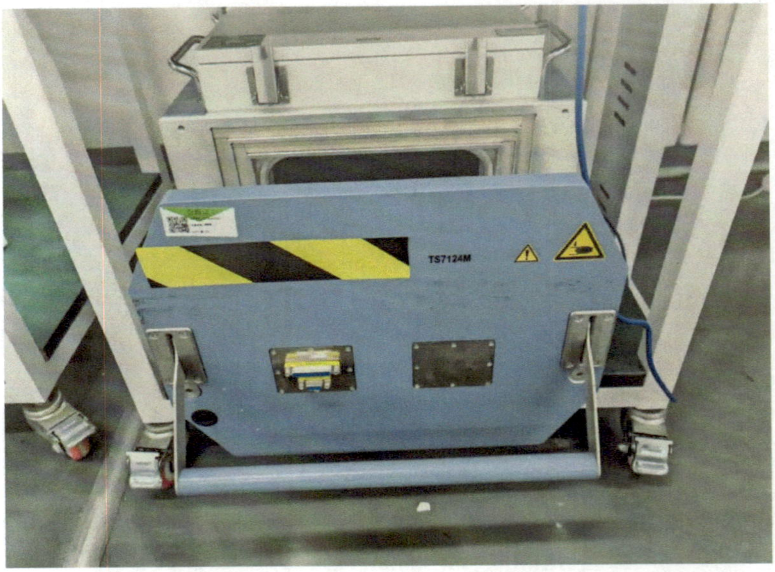

图 5.20　屏蔽箱

图 5.21　USB-CANFD 总线测试工具

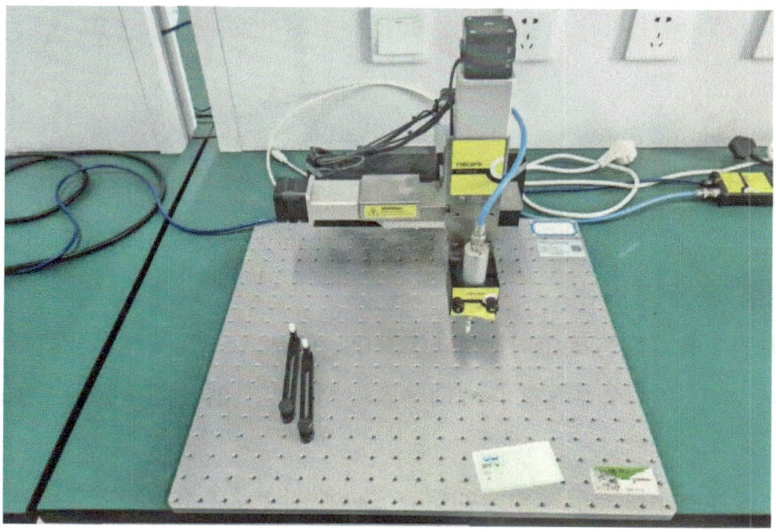

图 5.22　侧信道信号分析设备

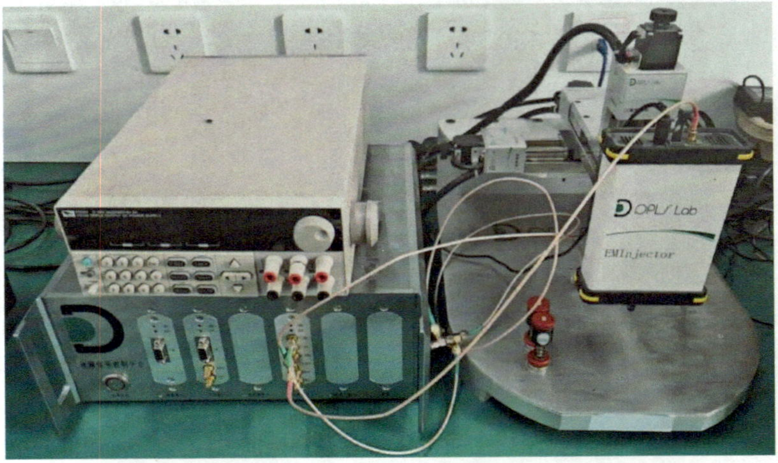

图 5.23 电磁注入测试平台工具

5.2.3.3 试验流程

（1）渗透测试

①攻击测试

a. 被测车载终端通过直流电源供电，使用宽带无线综测仪将测试电脑和被测样件连接至同一网段。

b. 被测车载终端应确定时区为 UTC+08：00 北京，且被测车载终端的时间要进行校准，应保持与装载车载终端网络入侵测试工具的控制电脑的系统时间误差在 1 s 内。

c. 打开控制电脑上的车载终端信息安全检测工具，将被测车载终端的基本信息录入，确认“网络环境类型”“被检测终端 IP”等检测信息无误后，点击“开始检测”即开始执行对被测车载终端的检测。

d. 对终端日志文件进行人工核查，进一步验证车载终端网络入侵测试工具的检测结果数据，若检测结果数据有异常则需要重新进行测试。若检测结果数据无异常，且检测结果中正确率高于 95%，误报率小于 1%，防护响应时间小于 10 s，说明检测通过；否则检测不通过。

②漏洞扫描测试

a. 测试环境配置：如果车载终端存在车载以太网接口，可将终端与漏洞扫描平台通过车载以太网接口相连，从厂商处获取终端 IP；如果车载终端不存在车载以太网接口，可采用宽带无线综测仪下发 IP 至终端的方案。

b. 被测车载终端通过直流电源供电，使用宽带无线综测仪将测试电脑、漏洞扫描平台和被测样件连接至同一网段。

c. 登录漏洞扫描平台对被测样件进行漏洞扫描，扫描完成后，点击扫描结果，若不存在中高危漏洞，则测试通过，否则测试不通过。

③储存和传输完整性测试

a. 与厂商沟通，确认厂商可以接收模拟的整机数据且存储在车载终端内部并上传至检测平台。车载终端启动，发送指定源数据至车载终端，被测车载终端进行一次原始数据的存储和本地存储数据的传输。

b. 存储数据的完整性测试：对车载终端存储的数据进行解析，在解析报文中搜索对应的“原始数据”。若能搜索到，则表示该项测试通过；若不能搜索到，则表示该项测试不通过。

④操作指令下发

a. 与厂商沟通，要求厂商提供车载终端连接企业平台时的终端的 IP 与端口号，确认厂商可以通过企业平台远程下发操作指令至终端。

b. 打开检测平台，输入厂商提供的终端操作指令代码。如果终端未接受或不执行该指令，则测试通过；如果终端接受并执行该指令，则测试不通过。

⑤总线监听测试

a. 与厂商沟通，确认厂商是否存在自定义的诊断数据。

b. 使用 USB-CANFD 总线测试工具监听被测车载终端所有总线，打开与 USB-CANFD 配套的上位机软件 ZCANPRO，点击“实时保存”录制 30 min 的通信数据。若存在车载终端向机械发送数据且为非诊断数据，则表示该测试项不通过；若车载终端不向机械发送数据或向机械发送数据但全部为诊断数据，则表示该测试项通过。

（2）密码算法实现安全性测试（车载定位终端无须测试本条）

①芯片 ID 和公钥读取测试

a. 与厂商沟通，要求车载终端上报激活报文。

b. 打开检测平台激活测试模块，查看模块中对应显示的车载终端，点击激活测试，查看车载终端上报信息是否包含芯片 ID 和公钥数据，若芯片 ID 和公钥存储在车载终端中，则标识该测试项通过。

②证书核查

与厂商沟通，要求提供车载终端安全芯片对应的《安全芯片密码检测准则》（GM/T 0008—2012）规定的安全等级第 2 级的检测证书复印件或符合 EAL4+等级的证书复印件及商用密码证书复印件。若安全芯片符合要求，则通过检测，否则不通过。

③密码应用正确性

a. 将被测车载终端与装载车载终端安全芯片算法测试工具的连接控制电脑，启动终端，打开控制电脑加载程序。

b. 进入密码算法检测界面，添加终端检测信息，开始对终端设备进行检测。

c. 查看检测次数和签名成功测试，计算验签通过率，如果参加验签的数据正确率不低于 99%，则检测通过，否则不通过。

④签名速度测试

与厂商沟通，要求提供车载终端安全芯片厂商的性能自证声明和对应的 GM/T 0008—2012 规定的安全等级第 2 级的检测证书复印件或符合 EAL4+等级的证书复印件及商用密码证书复印件。若安全芯片符合要求，则检测通过，否则不通过。

⑤硬件加密

a. 硬件连接：被测车载终端通过直流电源供电，实验板功耗通道连接示波器的 3 通道（采样率最高的两个通道），实验板触发信号（片选信号）连接示波器的

2 通道；测试主机与示波器通过网线相连，测试主机与实验板通过串口线相连；将被测样终端的安全芯片放置于实验板电磁探头的正下方。

b. 示波器配置，观察触发条件：通过对总线解码，观察整个签名周期时长，片选信号的特点（幅值及边沿触发方式），加密时段在整个周期的区间。

c. 检测主机配置示波器设备，进行信号采集和密钥分析，若未分析出被测样件密钥，则测试通过，否则不通过。

⑥钥安全性

a. 搭建电磁注入环境，对被测样件进行电磁注入，同时观察示波器，测量明文到密文的周期大小作为电磁脉冲随机注入的时间位置，并调节合适的水平时基和采样率。

b. 开始扫描采集，等待扫描结束生成 500 条电磁脉冲注入曲线，关闭，然后从左侧列表重新打开生成的扫描曲线，在数据筛选页面选择登场数据并点击筛选，在算法库中选择“SM2 固定随机数分析”，进行计算，等待密钥分析结果。

c. 若未分析得到密钥，则测试通过；若分析得到密钥，则与客户提供的私钥进行比对，若二者不一致，则测试通过；若两者一致，则测试不通过。

5.3　整机试验

车载终端应安装到满足《非道路柴油移动机械污染物排放控制技术要求》（HJ 1014—2020）第四阶段额定净功率 37 kW 及 37 kW 以上非道路移动机械上，进行整机测试。安装车载终端不得占用原有排放控制诊断接口。

试验机械应正常使用和维护保养，未经改动。机械的污染物排放控制装置工作正常，未有影响污染物排放控制装置正常工作的报警或故障，如发动机气缸失火、污染物排放控制装置传感器损坏等。

5.3.1 数据传输验证

试验要求车载终端安装到机械上进行试验，通过机械点火进行登入登出（3 次），数据补发，机械行驶等测试步骤将数据传输至企业平台，再通过企业平台将数据转发至检测平台，进行数据校验，检测数据是否符合本标准规定的协议格式。验证数据内容主要有在上传数据判定激活成功后，车载终端应将采集的数据添加数字签名，按规定的通信协议进行传输。OBD 信息至少 24 h 内传输一次，发动机数据流信息至少 10 s 传输一次。数字签名应遵循《SM2 密码算法使用规范》（GM/T 0009—2023）的相关要求，每个完整的数据包进行一次签名，签名应使用保存在安全芯片中的私钥进行。机械应在发动机启动后 60 s 内开始传输数据，发动机停机后可不传输数据。

5.3.1.1 试验条件

开展功能验证试验前，应按以下要求进行试验的准备：

（1）车载终端

应准备 1 套车载终端和相应的线束及配套接插件等。

（2）非道路移动机械

将车载终端安装到机械上并进行通信连接，确保车载终端可以通过机械 CAN 总线采集到整机排放数据和 OBD 数据，并通过远程传输方式发送到检测平台。

（3）检测平台

由第三方检测机构建立，对车载终端开展测试并提供测试对象的测试记录和测试结果的平台。

5.3.1.2 试验设备

功能试验的测试设备如图 5.24 所示。

图 5.24　排放远程监控测试平台

5.3.1.3　试验流程

企业应在测试前向检测机构提交相关信息，获取检测平台账号密码，并在平台注册被测样品的相关参数。检测机构审核相关信息，整机安装的车载终端应按检测平台的 IP 地址与测试端口号进行匹配，匹配成功后按照标准要求进行数据传输。

数据传输

通过机械点火进行登入登出（3 次）、数据补发、机械行驶等测试步骤将数据传输至企业平台，再通过企业平台将数据转发至检测平台，或直连检测平台进行数据校验，检测所接收数据是否符合本标准规定的协议格式。

5.3.2　定位精度验证

5.3.2.1　试验条件

开展功能验证试验前，应按以下要求进行试验的准备。

（1）天线

准备接收卫星信号天线。

（2）基准接收机

静态定位精度优于 0.1 m；确认基准接收机工作额定电压及供电方式；确保测试过程中存储基准路径数据并能够导出处理。

（3）测试场地

测试场地空旷，周围无明显电磁信号干扰。

5.3.2.2 试验设备

整机定位精度验证测试系统设备如图 5.25 所示。

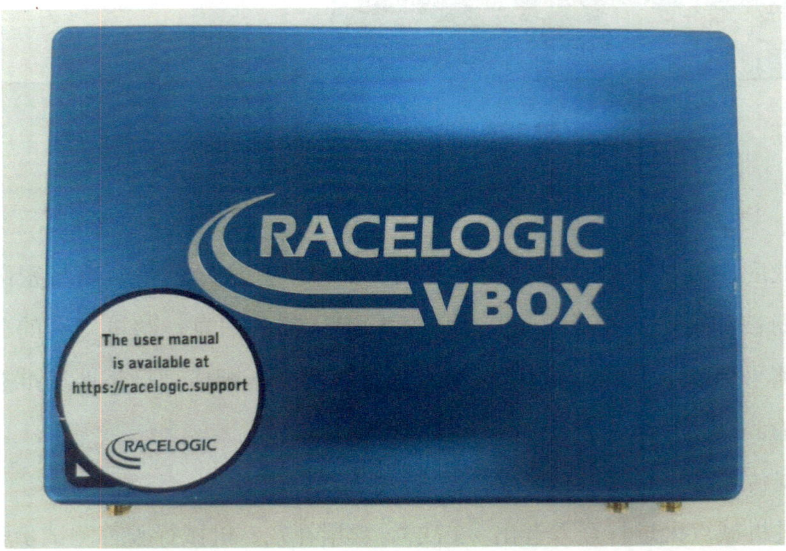

图 5.25 整机定位测试系统设备

5.3.2.3 试验流程

（1）样车上电，车载终端以 1 Hz 的频率上传数据，随机选取 3 个静态值，比较机械静止状态下，车载终端定位数据与测试设备定位数据的定位误差，如定位误差小于 5 m，则继续测试；如定位误差大于 5 m，则建议排查原因。

（2）整机定位精度测试采用高精度RTK差分定位接收机作为基准，试验机械作为载体，将高精度RTK差分定位接收机所用天线安装在试验机械上，与车载终端所用天线的相位中心相距不超过0.2 m。

（3）测试机械以不低于10 km/h的速度非匀速行驶不少于30 min。

（4）测试结束后，保存试验机械数据和测试设备数据，将车载终端输出的坐标与高精度RTK差分定位接收机提供的标准点坐标相比较，计算定位精度。

路测原理如图5.26所示。

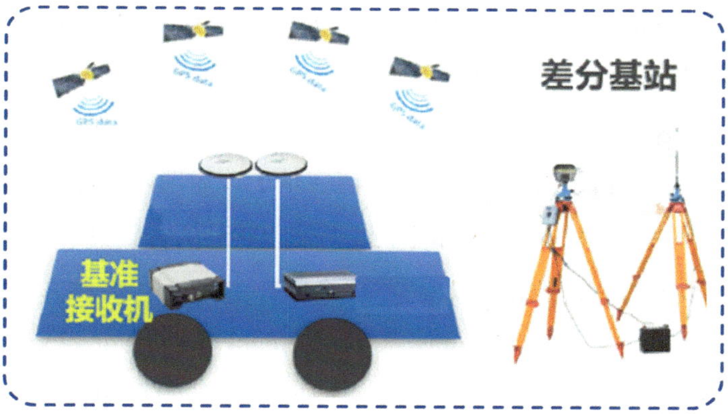

图5.26　路测原理示意图

5.3.3　数据一致性验证（车载定位终端无须测试本项）

车载终端应能采集发动机排放相关数据。非道路移动机械实际运行数据、车载终端采集数据和测试平台接收数据之间的相关性评价及偏差应在一定范围内，保证非道路移动机械排放远程监控数据的准确性和真实性。

数据一致性试验核查的数据项包含排放控制诊断信息、数据流信息和统计值。

对于排放控制诊断信息，应核查排放控制诊断协议、排放控制报警灯状态、排放控制故障码总数、排放控制故障信息列表等。

对于数据流信息，车载终端应根据机械安装的传感器或采用的后处理技术上传车速、大气压力、发动机净输出扭矩/实际扭矩、摩擦扭矩、发动机转速、发动机燃料流量、SCR 上游 NO_x 传感器输出、SCR 下游 NO_x 传感器输出、SCR 入口温度、SCR 出口温度、DPF 压差、进气量、反应剂余量、油箱液位、三元催化器上游氧传感器输出、三元催化器下游氧传感器输出、三元催化器下游 NO_x 传感器输出、三元催化器温度传感器输出、发动机冷却液温度、实际废气再循环系统（EGR）阀开度、设定 EGR 阀开度等数据流信息。

对于统计值，车载终端在每次传输排放相关数据时，还应以相同传输频率，同时传输该周期内的参考扭矩、发动机平均功率、SCR 上游 NO_x 平均浓度、SCR 下游 NO_x 平均浓度、SCR 上游 NO_x 平均质量流量、SCR 下游 NO_x 平均质量流量、SCR 入口平均温度、SCR 出口平均温度、发动机燃料流量平均值、统计周期时长、统计周期内有效时间占比等统计值。统计值应基于该周期内所有的有效数据计算，在以至少 1 Hz 频率采集的原始数据中，仅当某一时刻所有计算所需数据项均有效时，该时刻的数据为有效数据。

5.3.3.1 试验条件

开展数据一致性试验前，应检查环境条件是否满足 HJ 1014—2020 中对排放控制监测系统工作要求：

（1）环境温度在−7～38℃；

（2）海拔不超过 1 700 m。

5.3.3.2 试验设备

试验设备应采用符合标准规定的排放控制诊断系统通信设备。排放控制诊断系统通信设备应能够连接试验机械排放控制诊断接口并通过《道路车辆—实现全球范围内统一的车载诊断系统（WWH-OBD）通信要求》ISO 27145 或《应用层—诊断》SAE J1939—73 等标准协议与试验机械进行通信，同时数据流信息记录频率可设置为 1 Hz。排放控制诊断系统通信设备可采用 OBD 诊断仪或 OBD 数据采集设备等，如图 5.27 所示。

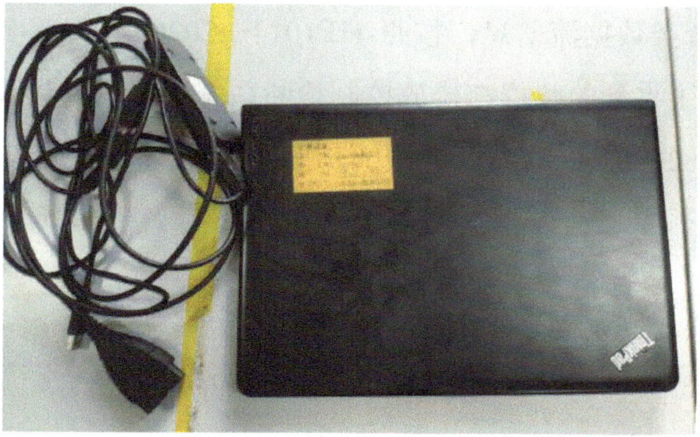

（a）OBD 通用诊断仪

（b）OBD 数据采集设备

图 5.27 排放控制诊断系统通信设备

5.3.3.3 试验流程

（1）试验之前，应将车载终端连接到排放远程监控测试平台，并确认车载终端能够将数据正常传输至测试平台。其中，数据流信息采集频率为 1 Hz，统计值统计周期推荐 300 s 或 600 s。

（2）将排放控制诊断系统通信设备连接至试验机械排放控制诊断接口，选择相应通信协议进行通信。

（3）使用OBD通用诊断仪和检测平台记录需要核查的各项排放控制诊断信息。

（4）起动试验机械进行预热，确认数据正常发送，对于装有 NO_x 传感器的机械，确认 NO_x 传感器已达到正常工作条件并开始传输有效数据后，再开始测试。

（5）根据试验机械采用的后处理技术，使用排放控制诊断系统通信设备读取相应的数据流信息。驾驶试验机械以不低于 10 km/h 的速度非匀速行驶不少于 30 min，以 1 Hz 的频率记录数据。

（6）测试结束后，关闭并拆除排放控制诊断系统通信设备，机械熄火并下电。

5.3.3.4 结果判定

对于排放控制诊断信息，检测平台接收到的测试机械的排放控制诊断信息应符合标准要求，不缺项，且与通信设备读取到的相应信息内容相同。

对于表 5.13 中的每项拟合类数据流信息，按照 HJ 1014—2020 附录 E.4.1.2 的方法将测试过程中检测平台接收到的数据与排放控制诊断系统通信设备记录的数据进行对齐，按照 HJ 1014—2020 附录 E.4.1.3 的方法进行最小二乘法拟合，拟合结果应满足表 5.13 中的判定标准。

表 5.13 数据流信息分类及判定标准

数据分类	数据项	判定标准
拟合类	车速、发动机转速、SCR 入口温度、SCR 出口温度、发动机冷却液温度、实际 EGR 阀开度、设定 EGR 阀开度、三元催化器温度传感器输出	相关系数 r^2≥0.90；回归线的斜率 a 为 0.9～1.1；回归线的截距不大于排放控制诊断系统通信设备记录数据最大值的±3%
	发动机净输出扭矩/实际扭矩、摩擦扭矩、发动机燃料流量、SCR 上游 NO_x 传感器输出、SCR 下游 NO_x 传感器输出、DPF 压差、进气量、TWC 下游 NO_x 传感器输出、TWC 上游氧传感器输出、TWC 下游氧传感器输出	相关系数 r^2≥0.85；回归线的斜率 a 为 0.85～1.18；回归线的截距不大于排放控制诊断系统通信设备记录数据最大值的±5%
比对类	大气压力	−1 kPa≤平均值差值≤1 kPa
	DPF 压差	−0.5 kPa≤平均值差值≤0.5 kPa
	反应剂余量、油箱液位	−1%≤平均值差值≤1%
	发动机冷却液温度	−1℃≤平均值差值≤1℃
	SCR 下游 NO_x 传感器输出、三元催化器下游 NO_x 传感器输出	-10×10^{-6}≤平均值差值（体积分数）≤10×10^{-6}

对于大气压力、DPF 压差、反应剂余量、油箱液位、发动机冷却液温度、SCR 下游 NO_x 传感器输出、三元催化器下游 NO_x 传感器输出，优先采用拟合类数据项的判定方式及判定标准。若测试过程中变化浮动较小，无法进行最小二乘法拟合，则计算测试过程中检测平台接收数据的平均值和排放控制诊断系统通信设备记录数据的平均值，二者的差值应满足表 5.13 中比对类数据项的判定标准。

选取试验过程中远程平台接收的任意 3 次统计值，记为“平台统计值”，按照

“信息采集时间”确定每次统计值的起止时间。平台数据与排放控制诊断系统通信设备记录的数据进行对齐后，计算排放控制诊断系统通信设备记录的数据在该周期内的发动机平均功率、SCR 上游 NO_x 平均浓度、SCR 下游 NO_x 平均浓度、SCR 上游 NO_x 平均质量流量、SCR 下游 NO_x 平均质量流量、SCR 入口平均温度、SCR 出口平均温度、发动机燃料流量平均值，记为“试验统计值”。对于 3 次统计值，各数据项相对误差绝对值均小于 5%，则判定合格，否则判定不合格。统计值一致性核查示例如图 5.28 所示。

每项排放控制诊断信息、数据流信息和统计值同时满足要求，则判定测试机械数据一致性测试通过。

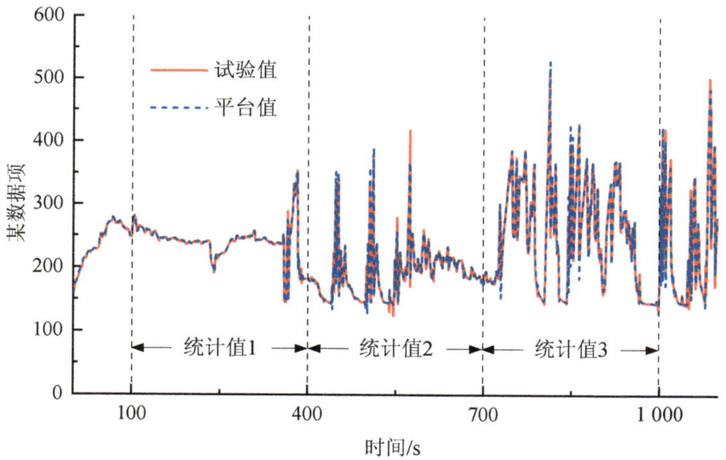

图 5.28 统计值一致性核查示例

附 件

报 告 样 式

报告编号：H00000-ZDBG-000000

检 验 报 告

非道路移动机械排放远程监控
车载定位终端测试

产品名称：	
型号规格：	号
委托单位：	
检验类别：	委托试验
发布日期：	

检测机构名称

声　明

（1）检验机构及其负责人对检验数据的真实性和准确性负责。

（2）检验报告涂改无效，报告无“检验报告专用章”或“检验单位公章”无效。

（3）报告无主检、审核、批准人签章的无效。

（4）对检验报告若有异议，应于收到报告之日起十五日内向检验单位提出，逾期不予受理。

检验单位联络信息

地　址：

邮　编：

电　话：

传　真：

E-mail：

网　址：

委托单位联络信息

名　称：

地　址：

邮　编：

电　话：

传　真：

检验机构名称

报告编号：H00000-ZDBG-000000

检 验 报 告

共 4 页 第 1 页

样品名称	车载定位终端		
型号规格		生产企业	
样品编号		委托单位	
样品数量		送样者	
送样日期	YYYY-MM-DD	生产日期	YYYY-MM-DD
检验依据和/或综合判定原则	《非道路移动机械排放远程监控技术规范的要求》（HJ 1322—2023）		
检验项目	功能要求、性能要求、数据安全性要求		
检验结论	经检验，该样品的功能要求、性能要求、数据安全性要求检验项目的检验结果符合《非道路移动机械排放远程监控技术规范的要求》（HJ 1322—2023）。 签发日期： 年 月 日 （报告章）		
备 注			

批准： 审核： 主检：

检验机构名称　　　　　　　　　　　　　　　　报告编号：H00000-ZDBG-000000

检　验　报　告

共 4 页　第 2 页

一、检验结果

1. 功能要求

序号	检验项目	标准要求	样品编号	检验结果	符合性判定
1	自检	终端通电开始工作时，通过报警灯相关指示器表示当前主要状态。主要状态包括网络通信是否正常、功能是否正常（至少持续 10 s）			符合/不符合
2	激活	终端应将机械环保代码（MEIN）传输至生态环境部			符合/不符合
3	时间和日期	终端时间格式应为“时分秒”或“HH：MM：SS”；日期格式应为“年月日”或“YYYY/MM/DD”，且与标准时间相比 24 h 内时间误差应在±5 s 内			符合/不符合

2. 性能要求

序号	检验项目	标准要求	样品编号	检验结果	符合性判定
1	电气适应性能	终端电气适应性能应符合 GB/T 32960.2—2016 中 4.3.1 的要求			符合/不符合
2	环境适应性能	终端环境适应性能应符合 GB/T 32960.2—2016 中 4.3.2 的要求			符合/不符合
3	电磁兼容性能	终端电磁兼容性能应符合 GB/T 32960.2—2016 中 4.3.3 的要求。车载终端对沿电源线的电瞬态传导抗扰度试验脉冲 1 的要求为 C 类			符合/不符合
4	盐雾防护性	终端应按照 GB/T 2423.18 规定的试验方法 4 进行测试，对于暴露安装的车载终端应按照 GB/T 2423.18 规定的试验方法 5 进行测试。试验后，密封性不变，标志和标签清晰可见，功能状态应达到 GB/T 28046.1 定义的 C 级			符合/不符合

检验机构名称　　　　报告编号：H00000-ZDBG-000000

检　验　报　告

序号	检验项目	标准要求	样品编号	检验结果	符合性判定
5	外壳防护性	终端应至少满足 GB/T 4208 中规定的 IP53 的防护等级，对于暴露安装的车载终端应至少满足 GB/T 4208 中规定的 IP65 的防护等级，按附录 A 中 A.4.2 进行外壳防护性测试后车载终端所有功能应处 GB/T 28046.1 定义的 A 级			符合/不符合
6	耐久性	终端应保证采集数据的数据质量，使用寿命应不低于 7 年。按照 GB/T 32960.2—2016 中附录 A 温度交变耐久寿命试验方法进行试验			符合/不符合
7	导航定位测试	终端定位信息应符合 GB/T 32960.3—2016 中 7.2.3.5 的规定			符合/不符合
		最小位置更新率为 1 Hz			符合/不符合
		定位时间：冷启动应不大于 120 s；热启动应不大于 10 s			符合/不符合

3. 数据安全性要求

序号	检验项目	标准要求	样品编号	检验结果	符合性判定
1	渗透测试	按照 HJ 1322 附录 A.5.2.2 的测试方法进行测试，结果应符合 HJ 1322 附录 A.5.3 的评价指标			符合/不符合

二、检验时间、地点

检验于 YYYY-MM-DD 至 YYYY-MM-DD，在××省（市）×××××××× 进行。

检验机构名称　　　　　　　　　　　　　　　　　报告编号：H00000-ZDBG-000000

检　验　报　告

共 4 页　第 4 页

三、主要检验设备

序号	仪器、设备名称	设备编号	设备型号	检定有效期
1				YYYY-MM-DD
2				
……	……	……	……	……

四、样品情况表

序号	项目名称	项目参数
1	适用机械类别	非工程机械
2	终端型号	
3	生产企业	
4	外壳防护等级	
5	数据上传周期（s）	
6	软件版本号	
7	标称供电电压	DC 12 V/24 V

报告编号：N00000-PFZD-000000

检 验 报 告

非道路移动机械排放远程监控

车载排放终端测试

产品名称：______________________

型号规格：______________________

委托单位：______________________

检验类别：　　委托试验

发布日期：______________________

检测机构名称

声　明

（1）检验机构及其负责人对检验数据的真实性和准确性负责。

（2）检验报告涂改无效，报告无“检验报告专用章”或“检验单位公章”无效。

（3）报告无主检、审核、批准人签章的无效。

（4）对检验报告若有异议，应于收到报告之日起十五日内向检验单位提出，逾期不予受理。

检验单位联络信息

地　址：

邮　编：

电　话：

传　真：

E-mail：

网　址：

委托单位联络信息

名　称：

地　址：

邮　编：

电　话：

传　真：

检验机构名称

报告编号：N00000-PDFZ-000000

检 验 报 告

共 5 页 第 1 页

<table>
<tr><td>样品名称</td><td colspan="3">车载排放终端</td></tr>
<tr><td>型号规格</td><td></td><td>生产企业</td><td></td></tr>
<tr><td>样品编号</td><td></td><td>委托单位</td><td></td></tr>
<tr><td>样品数量</td><td></td><td>送样者</td><td></td></tr>
<tr><td>送样日期</td><td>YYYY-MM-DD</td><td>生产日期</td><td>YYYY-MM-DD</td></tr>
<tr><td>检验依据和/或综合判定原则</td><td colspan="3">《非道路移动机械排放远程监控技术规范的要求》（HJ 1322—2023）</td></tr>
<tr><td>检验项目</td><td colspan="3">功能要求、性能要求、数据安全性要求</td></tr>
<tr><td>检验结论</td><td colspan="3">经检验，该样品的功能要求、性能要求、数据安全性要求检验项目的检验结果符合《非道路移动机械排放远程监控技术规范的要求》（HJ 1322—2023）。

签发日期： 年 月 日
（报告章）</td></tr>
<tr><td>备 注</td><td colspan="3"></td></tr>
</table>

批准： 审核： 主检：

检验结果

检验机构名称　　　　　　　　　　　　　　　　　　报告编号：N00000-PDFZ-000000

检　验　报　告

一、检验结果

1. 功能要求

序号	检验项目	标准要求	样品编号	检验结果	符合性判定
1	自检	终端通电开始工作时，通过报警灯相关指示器表示当前主要状态。主要状态包括网络通信是否正常、功能是否正常（至少持续10 s）			符合/不符合
2	激活	终端应将安全芯片标识ID、储存在安全芯片中的公钥和机械环保代码（MEIN）通过储存在安全芯片中的私钥添加数据签名后传输至生态环境部			符合/不符合
3	数据采集	终端应按照HJ 1322中5.2.3.1、5.2.3.2、5.2.3.3规定采集数据			符合/不符合
4	时间和日期	终端时间格式应为“时分秒”或“HH：MM：SS”；日期格式应为“年月日”或“YYYY/MM/DD”，且与标准时间相比24 h内时间误差应在±5s内			符合/不符合
5	数据存储	终端应具有存储介质，可按数据上传频率进行数据存储，至少168 h机械工作状态的数据存储			符合/不符合
		当存储介质存满时应具备自动覆盖功能			符合/不符合
		终端存储的数据应具有可查阅性			符合/不符合
		终端断电停止工作时，应能完整保存断电前存储的数据			符合/不符合
6	数据补传	数据通信链路异常时，终端应将需要传输的数据进行本地存储。在数据通信链路恢复正常后，终端应按附录C规定的通信协议补传。补传的数据应为恢复通信时刻前120 h内（机械工作小时数）通信链路异常期间存储的数据			符合/不符合

检验机构名称

报告编号：N00000-PDFZ-000000

检 验 报 告

2. 性能要求

序号	检验项目	标准要求	样品编号	检验结果	符合性判定
1	电气适应性能	终端电气适应性能应符合 GB/T 32960.2—2016 中 4.3.1 的要求			符合/不符合
2	环境适应性能	终端环境适应性能应符合 GB/T 32960.2—2016 中 4.3.2 的要求			符合/不符合
3	电磁兼容性能	终端电磁兼容性能应符合 GB/T 32960.2—2016 中 4.3.3 的要求。车载终端对沿电源线的电瞬态传导抗扰度试验脉冲 1 的要求为 C 类			符合/不符合
4	盐雾防护性	终端应按照 GB/T 2423.18 规定的试验方法 4 进行测试，对于暴露安装的车载终端应按照 GB/T 2423.18 规定的试验方法 5 进行测试。试验后，密封性不变，标志和标签清晰可见，功能状态应达到 GB/T 28046.1 定义的 C 级			符合/不符合
5	外壳防护性	终端应至少满足 GB/T 4208 中规定的 IP53 的防护等级，对于暴露安装的车载终端应至少满足 GB/T 4208 中规定的 IP65 的防护等级，按附录 A 中 A.4.2 进行外壳防护性测试后车载终端所有功能应处 GB/T 28046.1 定义的 A 级			符合/不符合
6	耐久性	终端应保证采集数据的数据质量，使用寿命应不低于 7 年。按照 GB/T 32960.2—2016 中附录 A 温度交变耐久寿命试验方法进行试验			符合/不符合
7	导航定位测试	终端定位信息应符合 GB/T 32960.3—2016 中 7.2.3.5 的规定			符合/不符合
		最小位置更新率为 1 Hz			符合/不符合
		定位时间：冷启动应不大于 120 s；热启动应不大于 10 s			符合/不符合

检验机构名称　　报告编号：N00000-PDFZ-000000

检　验　报　告

3. 数据安全性要求

序号	检验项目	标准要求	样品编号	检验结果	符合性判定
1	渗透测试	按照 HJ 1322 附录 A.5.2.2 的测试方法进行测试，结果应符合 HJ 1322 附录 A.5.3 的评价指标			符合/不符合
2	密码算法实现安全性测试	按照 HJ 1322 附录 A.6.2 的测试方法进行测试，结果应符合 HJ 1322 附录 A.6.3 的评价指标			符合/不符合

二、检验时间、地点

检验于 YYYY-MM-DD 至 YYYY-MM-DD，在××省（市）××××××××进行。

三、主要检验设备

序号	仪器、设备名称	设备编号	设备型号	检定有效期
1				YYYY-MM-DD
2				
……	……	……	……	……

四、样品情况表

序号	项目名称	项目参数
1	适用机械类别	● 采用 DPF 和/或 SCR 技术的工程机械； ● 采用三元催化器技术的工程机械
2	终端型号	
3	生产企业	

检验机构名称

报告编号：N00000-PDFZ-000000

检　验　报　告

序号	项目名称	项目参数
4	芯片产品型号	
5	外壳防护等级	
6	数据上传周期（s）	
7	数据存储容量（MB）	
8	软件版本号	
9	标称供电电压	DC 12 V/24 V

报告编号：H00000-ZCBG-000000

检 验 报 告

非道路移动机械排放远程监控
车载定位终端机械验证测试

产品名称：______

型号规格：______

委托单位：______

检验类别：委托试验

发布日期：______

检测机构名称

声　明

（1）检验机构及其负责人对检验数据的真实性和准确性负责。

（2）检验报告涂改无效，报告无“检验报告专用章”或“检验单位公章”无效。

（3）报告无主检、审核、批准人签章的无效。

（4）对检验报告若有异议，应于收到报告之日起十五日内向检验单位提出，逾期不予受理。

检验单位联络信息

地　址：

邮　编：

电　话：

传　真：

E-mail：

网　址：

委托单位联络信息

名　称：

地　址：

邮　编：

电　话：

传　真：

检验机构名称 报告编号：H00000-ZCBG-000000

检 验 报 告

共 3 页　第 1 页

产品名称	车载定位终端		
型号规格		生产企业	
样品编号		委托单位	
样品数量		送样者	
送样日期	YYYY-MM-DD	生产日期	YYYY-MM-DD
检验依据和/或综合判定原则	《非道路移动机械排放远程监控技术规范》（HJ 1322—2023）		
检验项目	数据传输测试、导航定位精度测试		
检验结论	经检验，该样品的机械检验项目的检验结果符合《非道路移动机械排放远程监控技术规范》（HJ 1322—2023）的要求。 签发日期：　年　月　日 （报告章）		
备　注			

批准：　　　　审核：　　　　主检：

检验机构名称

报告编号：H00000-ZCBG-000000

检　验　报　告

共 3 页　第 2 页

一、检验结果

1. 数据传输测试

序号	检验项目	标准要求	检验结果	符合性判定
1	登入登出数据传输	验证结果应符合 HJ 1322 第 5.2.5 条的要求		符合/不符合
2	机械作业数据传输	验证结果应符合 HJ 1322 第 5.2.5 条的要求		符合/不符合

2. 导航定位精度测试

序号	检验项目	标准要求	检验结果	符合性判定
1	导航定位精度测试	定位轨迹误差的 95 百分位值应在 10 m 以内	按照 HJ 1322 附录 A.7.3.2 进行检验，定位轨迹误差的 95 百分位值为　　m	符合/不符合

二、检验时间、地点

检验于 YYYY-MM-DD 至 YYYY-MM-DD，在××省（市）××××××××进行。

三、检验条件

1. 检测用燃料	
2. 试验温度（℃）	
3. 大气压力（kPa）	
4. 相对湿度（%）	

检验机构名称 报告编号：H00000-ZCBG-000000

检 验 报 告

共 3 页 第 3 页

四、检验设备

序号	仪器、设备名称	设备编号	设备型号	检定有效期
1				
2				
3				
4				

五、样品情况表

检验机械基本参数

机械型号	
机械生产企业名称	
机械信息公开编号	
机械环保代码	

终端基本参数

序号	项目名称	项目参数
1	适用机械类别	非工程机械
2	终端型号	
3	生产单位	
4	外壳防护等级	
5	数据上传周期（s）	
6	软件版本号	
7	标称供电电压	DC 12 V/24 V

报告编号：N00000-PFZJ-000000

检 验 报 告

非道路移动机械排放远程监控
车载排放终端机械验证测试

产品名称：________________

型号规格：________________

委托单位：________________

检验类别：委托试验

发布日期：________________

检测机构名称

声　明

（1）检验机构及其负责人对检验数据的真实性和准确性负责。

（2）检验报告涂改无效，报告无“检验报告专用章”或“检验单位公章”无效。

（3）报告无主检、审核、批准人签章的无效。

（4）对检验报告若有异议，应于收到报告之日起十五日内向检验单位提出，逾期不予受理。

检验单位联络信息

地　址：

邮　编：

电　话：

传　真：

E-mail：

网　址：

委托单位联络信息

名　称：

地　址：

邮　编：

电　话：

传　真：

检验机构名称　　　　报告编号：H00000-ZCBG-000000

检　验　报　告

共 10 页　第 1 页

<table>
<tr><td>产品名称</td><td colspan="3">车载排放终端</td></tr>
<tr><td>型号规格</td><td></td><td>生产企业</td><td></td></tr>
<tr><td>样品编号</td><td></td><td>委托单位</td><td></td></tr>
<tr><td>样品数量</td><td></td><td>送样者</td><td></td></tr>
<tr><td>送样日期</td><td>YYYY-MM-DD</td><td>生产日期</td><td>YYYY-MM-DD</td></tr>
<tr><td>检验依据和/或综合判定原则</td><td colspan="3">《非道路移动机械排放远程监控技术规范》（HJ 1322—2023）</td></tr>
<tr><td>检验项目</td><td colspan="3">数据传输测试、导航定位精度测试、数据一致性测试</td></tr>
<tr><td>检验结论</td><td colspan="3">经检验，该样品的机械检验项目的检验结果符合《非道路移动机械排放远程监控技术规范》（HJ 1322—2023）的要求。

签发日期：　　年　　月　　日
（报告章）</td></tr>
<tr><td>备　　注</td><td colspan="3"></td></tr>
</table>

批准：　　　　审核：　　　　主检：

检验机构名称　　　　报告编号：H00000-ZCBG-000000

检　验　报　告

一、检验结果

1. 数据传输测试

序号	检验项目	标准要求	检验结果	符合性判定
1	登入登出数据传输	验证结果应符合 HJ 1322 第 5.2.5 条的要求		符合/不符合
2	数据补发数据传输	验证结果应符合 HJ 1322 第 5.2.5 条的要求		符合/不符合
3	机械作业数据传输	验证结果应符合 HJ 1322 第 5.2.5 条的要求		符合/不符合

2. 导航定位精度测试

序号	检验项目	标准要求	检验结果	符合性判定
1	导航定位精度测试	定位轨迹误差的 95 百分位值应在 10m 以内	按照 HJ 1322 附录 A.7.3.2 进行检验，定位轨迹误差的 95 百分位值为　　m	符合/不符合

3. 数据一致性测试

序号	检验项目	标准要求	检验结果	符合性判定
1	排放控制诊断协议	检测平台接收到的测试机械的排放控制诊断信息应符合标准规定，不缺项，且与通信设备读取到的相应信息内容相同		符合/不符合
2	排放控制报警灯状态			符合/不符合
3	排放控制故障码总数			符合/不符合
4	排放控制故障信息列表			符合/不符合

检验机构名称　　　　　　　　　　报告编号：H00000-ZCBG-000000

检　验　报　告

共 10 页　第 3 页

序号	检验项目	标准要求	检验结果	符合性判定
1	车速 （如适用）	相关系数 r^2≥0.90； 回归线的斜率：0.9～1.1； 回归线截距（绝对值）不大于排放控制诊断系统通信设备记录数据最大值的 3%	相关系数 r^2= 回归线斜率 a= 回归线截距 b= 排放控制诊断系统通信设备记录数据最大值的 3%=	符合/不符合/ 不适用
2	大气压力	−1 kPa≤平均值差值≤1 kPa	平均值差值=	符合/不符合
3	发动机净输出扭矩或发动机实际扭矩/指示扭矩	相关系数 r^2≥0.85； 回归线的斜率：0.85～1.18； 回归线截距（绝对值）不大于排放控制诊断系统通信设备记录数据最大值的 5%	相关系数 r^2= 回归线斜率 a= 回归线截距 b= 排放控制诊断系统通信设备记录数据最大值的 5%=	符合/不符合
4	摩擦扭矩	相关系数 r^2≥0.85； 回归线的斜率：0.85～1.18； 回归线截距（绝对值）不大于排放控制诊断系统通信设备记录数据最大值的 5%	相关系数 r^2= 回归线斜率 a= 回归线截距 b= 排放控制诊断系统通信设备记录数据最大值的 5%=	符合/不符合
5	发动机转速	相关系数 r^2≥0.90； 回归线的斜率：0.9～1.1； 回归线截距（绝对值）不大于排放控制诊断系统通信设备记录数据最大值的 3%	相关系数 r^2= 回归线斜率 a= 回归线截距 b= 排放控制诊断系统通信设备记录数据最大值的 3%=	符合/不符合

检验机构名称　　　　　　　　　　　　　　　报告编号：H00000-ZCBG-000000

检　验　报　告

序号	检验项目	标准要求	检验结果	符合性判定
6	发动机燃料流量	相关系数 r^2≥0.85； 回归线的斜率：0.85～1.18； 回归线截距（绝对值）不大于排放控制诊断系统通信设备记录数据最大值的 5%	相关系数 r^2= 回归线斜率 a= 回归线截距 b= 排放控制诊断系统通信设备记录数据最大值的 5%=	符合/不符合
7	SCR 上游 NO_x 传感器输出（如适用）	相关系数 r^2≥0.85； 回归线的斜率：0.85～1.18； 回归线截距（绝对值）不大于排放控制诊断系统通信设备记录数据最大值的 5%	相关系数 r^2= 回归线斜率 a= 回归线截距 b= 排放控制诊断系统通信设备记录数据最大值的 5%=	符合/不符合/不适用
8	SCR 下游 NO_x 传感器输出（如适用）	相关系数 r^2≥0.85； 回归线的斜率：0.85～1.18； 回归线截距（绝对值）不大于排放控制诊断系统通信设备记录数据最大值的 5% 或-10×10^{-6}≤平均值差值（体积分数）≤10×10^{-6}	相关系数 r^2= 回归线斜率 a= 回归线截距 b= 排放控制诊断系统通信设备记录数据最大值的 5%= 平均值差值=	符合/不符合/不适用
9	反应剂余量（如适用）	−1%≤平均值差值≤1%	平均值差值=	符合/不符合/不适用
10	进气量	相关系数 r^2≥0.85； 回归线的斜率：0.85～1.18； 回归线截距（绝对值）不大于排放控制诊断系统通信设备记录数据最大值的 5%	相关系数 r^2= 回归线斜率 a= 回归线截距 b= 排放控制诊断系统通信设备记录数据最大值的 5%=	符合/不符合

检验机构名称　　　　　　　　　　　　　　　　　　　　报告编号：H00000-ZCBG-000000

检　验　报　告

共 10 页　第 5 页

序号	检验项目	标准要求	检验结果	符合性判定
11	SCR 入口温度（如适用）	相关系数 r^2≥0.90； 回归线的斜率：0.9～1.1； 回归线截距（绝对值）不大于排放控制诊断系统通信设备记录数据最大值的 3%	相关系数 r^2= 回归线斜率 a= 回归线截距 b= 排放控制诊断系统通信设备记录数据最大值的 3%=	符合/不符合/不适用
12	SCR 出口温度（如适用）	相关系数 r^2≥0.90； 回归线的斜率：0.9～1.1； 回归线截距（绝对值）不大于排放控制诊断系统通信设备记录数据最大值的 3%	相关系数 r^2= 回归线斜率 a= 回归线截距 b= 排放控制诊断系统通信设备记录数据最大值的 3%=	符合/不符合/不适用
13	DPF 压差（如适用）	相关系数 r^2≥0.85； 回归线的斜率：0.85～1.18； 回归线截距（绝对值）不大于排放控制诊断系统通信设备记录数据最大值的 5% 或−0.5 kPa≤平均值差值≤0.5 kPa	相关系数 r^2= 回归线斜率 a= 回归线截距 b= 排放控制诊断系统通信设备记录数据最大值的 5%= 平均值差值=	符合/不符合/不适用
14	TWC 上游氧传感器输出（如适用）	相关系数 r^2≥0.85； 回归线的斜率：0.85～1.18； 回归线截距（绝对值）不大于排放控制诊断系统通信设备记录数据最大值的 5%	相关系数 r^2= 回归线斜率 a= 回归线截距 b= 排放控制诊断系统通信设备记录数据最大值的 5%=	符合/不符合/不适用

检验机构名称　　　　　　　　　　　　　　　　　报告编号：H00000-ZCBG-000000

检　验　报　告

共 10 页　第 6 页

序号	检验项目	标准要求	检验结果	符合性判定
15	TWC 下游氧传感器输出（如适用）	相关系数 r^2≥0.85； 回归线的斜率：0.85～1.18； 回归线截距（绝对值）不大于排放控制诊断系统通信设备记录数据最大值的 5%	相关系数 r^2= 回归线斜率 a= 回归线截距 b= 排放控制诊断系统通信设备记录数据最大值的 5%=	符合/不符合/不适用
16	TWC 温度传感器输出（如适用）	相关系数 r^2≥0.90； 回归线的斜率：0.9～1.1； 回归线截距（绝对值）不大于排放控制诊断系统通信设备记录数据最大值的 3%	相关系数 r^2= 回归线斜率 a= 回归线截距 b= 排放控制诊断系统通信设备记录数据最大值的 3%=	符合/不符合/不适用
17	TWC 下游 NO_x 传感器输出（如适用）	相关系数 r^2≥0.85； 回归线的斜率：0.85～1.18； 回归线截距（绝对值）不大于排放控制诊断系统通信设备记录数据最大值的 5% 或-10×10^{-6}≤平均值差值（体积分数）≤10×10^{-6}	相关系数 r^2= 回归线斜率 a= 回归线截距 b= 排放控制诊断系统通信设备记录数据最大值的 3%= 平均值差值=	符合/不符合/不适用
18	发动机冷却液温度	相关系数 r^2≥0.90； 回归线的斜率：0.9～1.1； 回归线截距（绝对值）不大于排放控制诊断系统通信设备记录数据最大值的 3% 或−1℃≤平均值差值≤1℃	相关系数 r^2= 回归线斜率 a= 回归线截距 b= 排放控制诊断系统通信设备记录数据最大值的 3%= 平均值差值=	符合/不符合

检验机构名称　　　　　　　　　　报告编号：H00000-ZCBG-000000

检　验　报　告

序号	检验项目	标准要求	检验结果	符合性判定
19	油箱液位（如适用）	−1%≤平均值差值≤1%	平均值差值=	符合/不符合/不适用
20	实际 EGR 阀开度（如适用）	相关系数 r^2≥0.90； 回归线的斜率：0.9～1.1； 回归线截距（绝对值）不大于排放控制诊断系统通信设备记录数据最大值的 3%	相关系数 r^2= 回归线斜率 a= 回归线截距 b= 排放控制诊断系统通信设备记录数据最大值的 3%=	符合/不符合/不适用
21	设定 EGR 阀开度（如适用）	相关系数 r^2≥0.90； 回归线的斜率：0.9～1.1； 回归线截距（绝对值）不大于排放控制诊断系统通信设备记录数据最大值的 3%	相关系数 r^2= 回归线斜率 a= 回归线截距 b= 排放控制诊断系统通信设备记录数据最大值的 3%=	符合/不符合/不适用

序号	数据项目	相对误差绝对值百分比/%				符合性判定
		标准要求	第一次	第二次	第三次	
1	参考扭矩（Nm）	相对误差绝对值＜5%				符合/不符合
2	发动机平均功率（kW）					符合/不符合
3	SCR 上游 NO_x 平均浓度（1×10^{-6}）					符合/不符合/不适用
4	SCR 下游 NO_x 平均浓度（1×10^{-6}）					符合/不符合/不适用
5	SCR 上游 NO_x 平均质量流量（kg/h）					符合/不符合/不适用

检验机构名称　　　　　　　　　　　　　　　　　　报告编号：H00000-ZCBG-000000

检　验　报　告

共10页　第8页

序号	数据项目	相对误差绝对值百分比/%				符合性判定
		标准要求	第一次	第二次	第三次	
6	SCR下游NO_x平均质量流量（kg/h）					符合/不符合/不适用
7	SCR入口平均温度（℃）					符合/不符合/不适用
8	SCR出口平均温度（℃）					符合/不符合/不适用
9	发动机燃料流量平均值（L/h）					符合/不符合
10	统计周期时长（s）					符合/不符合

二、检验时间、地点

检验于YYYY-MM-DD至YYYY-MM-DD，在××省（市）××××××××进行。

三、检验条件

1.检测用燃料	
2.试验温度（℃）	
3.大气压力（kPa）	
4.相对湿度（%）	

检验机构名称 报告编号：H00000-ZCBG-000000

检 验 报 告

四、检验设备

序号	仪器、设备名称	设备编号	设备型号	检定有效期
1				
2				
3				
4				
……	……	……	……	……

五、样品情况表

检验机械基本参数

机械型号	
机械生产企业名称	
机械信息公开编号	
机械环保代码	

终端基本参数

序号	项目名称	项目参数
1	适用机械类别	● 采用 DPF 和/或 SCR 技术的工程机械； ● 采用三元催化技术的工程机械
2	终端型号	
3	生产单位	
4	芯片产品型号	

检验机构名称　　　　　　　　　　　　　　　　　　　报告编号：H00000-ZCBG-000000

检　验　报　告

共 10 页　第 10 页

序号	项目名称	项目参数
5	外壳防护等级	
6	数据上传周期（s）	
7	数据存储容量（MB）	
8	软件版本号	
9	标称供电电压	DC 12 V/24 V